Ralph Dutli
Das Lied vom Honig

Ralph Dutli

Das Lied vom Honig

Eine Kulturgeschichte der Biene

Wallstein Verlag

Für Boris

Bibliografische Information der Deutschen Nationalbibliothek

Die Deutsche Nationalbibliothek verzeichnet diese
Publikation in der Deutschen Nationalbibliografie;
detaillierte bibliografische Daten sind im Internet über
http://dnb.d-nb.de abrufbar.

5. Auflage 2014
© Wallstein Verlag, Göttingen 2012
www.wallstein-verlag.de
Vom Verlag gesetzt aus der Stempel Garamond
Umschlaggestaltung: Susanne Gerhards, Düsseldorf, unter
Verwendung des Gemäldes »Venus und Amor als Honigdieb«
von Lucas Cranach d. Ä.
Die Bienen-Vignetten im Innenteil wurden von Thomas Müller,
Leipzig, gestaltet.
Druck und Verarbeitung: Friedrich Pustet, Regensburg
ISBN 978-3-8353-0972-2

Der Gott der Bienen ist die Zukunft.

Maurice Maeterlinck

Es ist besser, sagte ich mir, zur Biene zu werden und sein Haus zu bauen in Unschuld, als zu herrschen mit den Herren der Welt.

Friedrich Hölderlin

Die Bienen haben einen Friedhof
unten in meiner Heimat, in Patagonien,
dahin kehren sie heim mit ihrer
Honigfracht, um zu sterben vor Süße.

Pablo Neruda

Astronaut im Zukunftslook

Es war eine reine Zufallsbegegnung, wie vieles, was einem im Leben zustößt. Erst im Rückblick erscheint einem so manches weniger zufällig, als man zunächst annehmen wollte. Ein Gespräch über einen Drahtzaun hinweg. Ich war mit dem Fahrrad unterwegs, im Frühjahr, gegen Abend, nach einem kurvenreichen Schreibtag. Nicht weit von hier, nördlich der Stadt, wo die Wege verlockend »Obstgartenweg« und »Blütenweg« heißen. Ringsum blühten tatsächlich Bäume, Sträucher und Blumen in einer solchen Pracht, dass man davon leicht berauscht werden konnte. Ich weiß noch genau: Es roch unwahrscheinlich gut. Ich hatte Lust, vom Rad zu steigen und dieses Duftkonzert nicht zu schnell an mir vorbeihuschen zu lassen. Die Bienenkästen standen in einiger Entfernung, im hinteren Teil seines Grundstücks. Distanz ist empfehlenswert, die Bienen wissen sie zu schätzen. Und den Respekt, der einen hindert, als Unbefugter diesen bunten Kästen allzu nah zu kommen. Wir kamen also am Drahtzaun ins Gespräch.

Ich war neugierig, er war freundlich. Ich fragte ihn aus über sein Bienenwesen, er gab gerne Antwort, schien sich sogar zu freuen, dass sich jemand für seine Völker interessierte. Imker hielt ich schon immer für besonnene, gelassene Leute, die einen ruhigen, komplizenhaften Umgang mit der Natur pflegen. Sie sind für mich – ein wenig Bienenhumor kann nicht schaden – Hobby-Priester im Tempel der Natur, stille Philosophen, faszinierende Eigenbrötler. Und gleichsam Teilhaber einer weltweiten Verschwörung, die eine Art Geheimwissen verwalten, festgehalten in Imkerbüchern mit sieben Siegeln, vertieft durch jahrelange Erfahrung. Ihre Handlungen sind ohne Hast. In einer Zeit, wo sogar Kurse zur Entschleunigung unseres kopflosen Alltags angeboten werden, muss das auffallen. Dass der Honig vor Genuss »geschleudert« werden muss, gibt dem Ganzen dann doch wieder etwas ironisch Rasantes.

Dass ihr Tun und Wirken wohl seit über viertausend, vielleicht sogar fünftausend Jahren mehr oder weniger das Gleiche ist, macht sie für die Phantasie noch sonderbarer und attraktiver. Als seien sie Botschafter aus einer längst vergangenen Zeit, aber gewissermaßen im Zukunftslook. In ihrer merkwürdigen Schutzkleidung samt Hut und Netz – und manchmal Rauch vor dem Gesicht, der die Stechbereitschaft der Bienen herabsetzt – sind sie mir schon wie Astronauten vorgekommen, wie Abkömmlinge von einem anderen Planeten. Dass sie strenggenommen auch Diebe sind, ist ziemlich klar. Sie stibitzen den fleißigen Bienchen den süßen Überfluss, die mühsam zusammengetragenen Wintervorräte. Gewiss lassen sie schon noch etwas zurück, das halten hochherzige Diebe genauso. Um die Sache fürsorglich ein wenig zu beschönigen, heißt der Imker auch »Bienenvater«. Und tatsächlich hilft er seinen Schützlingen mit lauwarmem Zuckerwasser über den nahrungsarmen Winter …

Sind Imker nicht nur antike Botschafter, Philosophen und verkleidete Astronauten, sondern auch noch überaus freundliche Zeitgenossen? Er war es. Sein Akzent verriet eine fremdländische Herkunft. Balkan? Nach seinem Namen hatte ich ihn nicht gefragt. Bienenhöflichkeit. Ich nannte ihn heimlich *Mister Beekeeper* und *Monsieur l'Apiculteur*. Aber sein kleines Gelände am Obstgartenweg lag an meiner Abendroute, und ich hatte durchaus vor, dort wieder anzuhalten.

Kurz nach dem ersten Gespräch am Drahtzaun hatte ich einen Traum. Ich ging im Astronautenanzug auf die summenden bunten Kästen zu, an meinen Ellenbogen irgendwelche Luftblasen oder Ballons, und *er* stand diesmal außerhalb, auf der anderen Seite des Zauns, sprach in ein merkwürdig altertümliches Megaphon hinein und rief mir gestikulierend und irgendwie verzweifelt ob meiner Ungeschicklichkeit etwas zu, das ich beim besten Willen nicht verstehen konnte. Ein Gefühl von Verlegenheit und Scham überkam mich, ich wusste nicht, wie ich an den Honig in den Kästen herankommen sollte. Ich wusste überhaupt nichts von diesen summenden Hautflüglern, stapfte nur hilflos in der mir plötzlich schwer vorkommenden Verkleidung durchs Gelände. Um mich herum eine Wolke aus Bienen, eine musikalische Bedrohung, aber keine stach mich. Als ich aufwachte, war ich erleichtert. Ich wusste, dass ich nie Bienenzüchter werden wollte.

Aber die Neugier blieb. Manchmal traf ich ihn wieder, fragte ihn aus, bekam schon auf der anderen Seite des Drahtzauns Obstschnäpse angeboten. Und ich fragte weiter, hatte aber auch vor, eine kleine Schuld abzutragen, kuriose Dinge zu sammeln, die vielleicht nicht jeder Imker kennt. Die er vielleicht nicht kannte. Ich wollte gleichsam selber Sammelbiene werden, aber nicht einzig zu Ihrer Verblüffung, Mister Beekeeper, sondern zu Diensten lesender Zeitgenossen.

Die Biene ist nicht nur Honiglieferantin, sondern auch eine uralte Kulturbotschafterin. Ein französischer Parlamentarier, Martial Saddier, machte im Jahr 2009 tatsächlich den Vorschlag, die Honigbiene *Apis mellifera* in die Unesco-Liste des Weltkulturerbes aufzunehmen. Ein prächtiges Anliegen, vermutlich wunderbar wirkungslos, aber doch nicht ganz so abwegig, wie es scheinen könnte.

Bescheidene Vorhaben sind nicht zwingend sinnlos. Viele heillos verworrene Dinge auf dieser Welt brauchen ein homöopathisches kulturelles Gegengift.

Auf meinem Schreibtisch begann eine bunte Karton-mappe anzuwachsen – oder soll ich schon »Wabe« sagen? Ich sammelte Mythen und Geschichten um die Honig-biene und ihre vielfältige Präsenz in den menschlichen Kulten und Kulturen. Es sollte eine kleine Umschau in der Bienenwelt werden, eine zarte Hommage an die Honigbiene in der Zeit ihrer höchsten Gefährdung, eine schlichte Wabe aus kulturellen Zellen. Thema: das Leben der Honigvögelchen – so nannten die Barockdichter das Insekt – im Bienenstock der Kultur.

Es ist ein winziges Tier, aber mit Leistungen von er-staunlicher Tragweite. In der Bibel, im apokryphen Buch Jesus Sirach, steht zu lesen: »Du sollst niemand rühmen um seines großen Ansehens willen, noch jemand verach-ten um seines geringen Ansehens willen. Denn klein un-ter den geflügelten Tieren ist die Biene und doch bringt sie den besten Ertrag ein.« Vielleicht geht uns das ganze Bienenwesen so nahe, weil wir dunkel ahnen, dass eine besondere Beziehung zwischen Menschen und Bienen besteht. Der römische Naturforscher Plinius der Ältere (23 bis 79 n. Chr.) war überzeugt, dass die Bienen die »einzigen nur um des Menschen willen geschaffenen In-sekten« seien.

Johann Gottfried Herder (1744 bis 1803) nennt in seinen *Ideen zu einer Philosophie der Geschichte der Menschheit* auch diese Tierchen geradewegs »die älteren Brüder des Menschen«. Mensch und Biene als Geschwi-ster? Herder hatte gewiss einen originellen Familiensinn. Entwicklungsgeschichtlich scheint die Biene galaxienweit vom Menschen entfernt zu sein. Unsere letzten gemeinsamen Vorfahren dürften vor ungefähr 600 Millionen Jahren gelebt haben. Als aber 2006 in der Zeitschrift *Nature* das Bienen-Genom veröffentlicht wurde, fanden sich trotzdem interessante Gemeinsamkeiten. Der Weimarer Kulturhistoriker und Religionsphilosoph Herder hatte also doch etwas geahnt.

Halten wir jenseits aller mysteriösen Genetik fest: Die Biene bedeutet uraltes Weltkulturgut. Denn das kleinste aller Nutztiere schenkt dem Menschen nicht nur sein bestäubendes Mitwirken bei der Entstehung von Früchten und Gemüsen, sondern auch Nahrung, Süßstoff und Kerzenlicht in Honig und Wachs, wirksame Heilmittel in vielfältiger Form, reiche Symbole und tiefgründige Gedanken. Die Wunder der Natur scheinen sich exemplarisch an der Honigbiene zu enthüllen. Lautet nicht ein altes Sprichwort: »Willst du Gottes Wunder sehn, musst du zu den Bienen gehn«?

Die Symbolkraft der Honigbiene ist eine Menschheitskonstante. Sie gab Anlass zu religiösen Riten, Aberglauben und Wundergeschichten. Sie steht für Gemeinschaftssinn, Selbstaufopferung, Zukunftsvorsorge, durchdachte Ordnung, Reinheit, Fleiß und Fülle. Aber auch: für Magie und Prophetie, Seele und Inspiration. Mag der Leser – er muss kein Imker sein! – auf einen Ausflug in die erstaunliche Kulturgeschichte der Biene und des Honigs entführt werden. Keine Flügel sind nötig, nur ein wenig Phantasie. Aber das ist vielleicht ohnehin dasselbe.

Lady Macbeth und die Drohnen

Mein Gesprächspartner vom Obstgartenweg hatte mir sofort ein paar Vorurteile geraubt. Die Honigbiene mit ihrem verblüffenden sozialen Instinkt ist eine Ausnahme, nicht die Regel. Die Mehrzahl der Bienenarten lebt nämlich solitär, bildet keine Staaten. Es sind Einsiedlerbienen, die unscheinbar Mauer-, Mörtel- oder Mohnbiene heißen. Letztere ist eine richtige Künstlerin und Innenausstatterin: Sie schlägt ihr Nest mit Klatschmohn aus. Aber Zuschauer kennt sie nicht. Sie ist eine stille Macherin, die kein Publikum braucht. Einsiedlerbienen sind die schlichten Unsichtbaren, bei weitem nicht so spektakulär wie die gewaltig produzierenden, summenden Honigvölker. Nur die staatenbildende Honigbiene *Apis mellifera* hat die menschliche Phantasie seit jeher tief beeindruckt.

Vor dem Abheben in die luftigen Räume der Weltkultur aber führt der Weg nach innen. Wie soll man die Symbolkraft des winzigen Tiers verstehen, wenn man nicht weiß, was sich im Innern des Bienenstocks an Dramen abspielt. Und wer spielt da, in welchen Rollen? Ein Blick auf die Akteure des Bienenstaates. Nummer eins ist natürlich: eine Königin. Der Status wird ihr schon im Larvenstadium durch eine besondere Nahrung verliehen. Sie wird ausgiebig gefüttert mit dem wahrlich königlich betitelten Nährextrakt *Gelée Royale*. Die Ammenbienen, die dafür viel Pollen fressen müssen, produzieren diese Kraftnahrung in der Futtersaftdrüse. Und wo? In ihren Köpfen. Diese Kopfnahrung alias *Gelée Royale* ist ein sagenhaftes Energiepaket – zehn Vitamine, zweiundzwanzig Aminosäuren, sieben Spurenelemente!

Ein Zuckeranteil von 35 Prozent führt schnurstracks zum Königtum (die Arbeitsbiene wird sich mit 10 Prozent begnügen). *Sa Majesté la Reine* ist also in erster Linie eine frühzeitig Wohlgenährte, mit Designerfood Versorgte.

Als erste von sechs bis acht Konkurrentinnen ist sie ausgeschlüpft, schon nach 16 Tagen, die kürzeste Frist im Bienenstock. Sofort stürzt sie sich auf die anderen Weiselzellen (so werden die Wiegen der Königinnen genannt), bricht sie auf, sticht ihre Rivalinnen tot. Ihre Karriere beginnt mit blindem Morden. Ein Königsdrama, wie von Shakespeare erfunden. Lady Macbeth kennt keine Hemmungen, wenn es um die Macht geht.

Nur manchmal schützen Wächterbienen die übrigen königlichen Wiegen, weil eine zweite oder sogar dritte Auswanderung (das Schwärmen) möglich werden könnte, wozu weitere Königinnen gebraucht würden. Dann stößt die beleidigte Erstgeborene ihren markanten Kriegsruf aus, ein Tuten, einen »hellen silbernen Trompetenton«, der die Imker entzückt.

Die Königin ist das einzige fruchtbare Weibchen im Bienenstaat. Sie lebt im Dunkeln, verlässt den Stock im Prinzip nur zwei Mal. Zunächst eine Woche, nachdem sie geschlüpft ist, für ihren imposanten Hochzeitsflug. Hoch oben am blauen Himmel wird sie in einer Horde rasender Drohnen von sechs bis zehn Exemplaren befruchtet – was genetische Vielfalt im Bienenstock gewährleistet. Darauf legt sie vom Frühjahr bis September 1 500 bis 2 000 Eier pro Tag, über eine halbe Million insgesamt. Sie ist eine gigantische Reproduktionsmaschine mit hochaktiven Eierstöcken!

Stößt die Bienenkolonie gegen Sommerbeginn zahlenmäßig an ihre Grenzen, schwärmt die »alte Königin« mit etwa siebzig Prozent der Bienen aus und sucht sich eine neue Unterkunft, überlässt den Bienenstock drei Tage vor deren Ausschlüpfen der Jungkönigin. Die Nachfolgerin wird ihrerseits das Hochzeits- und Eierlegegeschäft fortsetzen. Die Monarchin kommt auf fünf bis sechs Lebensjahre, dem nachhaltig wirkenden Energiepaket der *Gelée Royale* sei's gedankt. Sie wird nur ein einziges Mal befruchtet, auf Lebenszeit.

Von wem? Von den männlichen Drohnen. Sie stammen aus unbefruchteten Eiern einer Königin. Die von den Arbeitsbienen gebauten Drohnenzellen sind leicht größer, die Königin erkennt es, indem sie das Zellenformat mit ihren Vorderbeinen ertastet. Dann legt sie ihr Ei. Die Männlein bringt sie also quasi-jungfräulich ohne Samen zustande. Die Eier künftiger Arbeitsbienen aber befruchtet sie, drückt durch eine bestimmte Krümmung ihres Hinterleibes auf die seit dem Hochzeitsflug prall gefüllte Samentasche unter ihren Eierstöcken. Die Zahlenverhältnisse im Bienenvolk: eine Königin, 500 bis 2000 Drohnen, 40000 bis 80000 Arbeitsbienen.

Drohnen haben weder Sammelwerkzeuge am Leib (kein »Bürstchen«, kein »Körbchen«) noch einen Giftstachel. Sie sind etwas größer, breiter und behaarter als die Arbeitsbienen. Aber außer für das Begattungsgeschäft sind sie zu nichts zu gebrauchen, weshalb sie sprichwörtlich wurden für Müßiggang, Unproduktivität, Schmarotzertum. Langschläfer sind sie schon im Larven- und Puppenstadium: Drohnen brauchen 24 Tage bis zum Ausschlüpfen. Sie sind unfähig, sich zu ernähren, laben sich an Vorräten, die die fleißigen Arbeiterinnen bereitstellen. In Wilhelm Buschs vergnüglichem Buch *Schnurrdiburr oder die Bienen* (1869) ist ihr Porträt zu finden: »Und nur die alten Brummeldrohnen, / Gefräßig, dick und faul und dumm, / Die ganz umsonst im Hause wohnen, / Faulenzen noch im Bett herum.«

Und doch kommen sie zum Einsatz. Durch Duftdrüsen am Hinterleib der Königinnen, aber auch durch deren »Mundgeruch«, wird die Paarungsbereitschaft signalisiert. Doch nie im Innern des Bienenstocks, wo die Monarchin den Drohnen gleichgültig ist – was die Natur zur Inzuchtvermeidung so eingefädelt hat. Völlig uninteressiert stolzieren die Drohnen am Superweibchen vorbei. Nur der Außeneinsatz zählt.

Die Drohnen fliegen also zum Sammelplatz im Freien, wo sie die Königinnen aus verschiedenen Völkern zum himmelhohen Begattungsgeschäft erwarten. Nur eine Drohne – fachsprachlich auch: ein Drohn, der Drohn, was das wahre Geschlecht grammatikalisch ins richtige Licht rückt – von tausend wird eine Königin begatten können. Und bezahlt für die eine Minute Paarungsglück mit dem Leben. Ihr Körper platzt hoch in der Luft bei dem ekstatischen Treiben auf, die Organe werden herausgerissen, die leere Hülle sinkt zu Boden. Der Endophallus bleibt in der Königin stecken und gilt als Zeichen vollzogener Begattung, das erst im Bienenstock von Arbeiterinnen entfernt wird.

Die Natur möchte es aber bitte gründlich haben. Ist die Samenvorratsblase noch nicht randvoll mit Spermien gefüllt, kann es rasch hintereinander zu mehreren weiteren Paarungsflügen kommen. Jene Drohnen, die nicht zum Zuge kamen, aber auch nicht erschöpft beim hochathletischen Hochzeitsflug verendet sind, kehren zum Bienenstock zurück – für eine gewisse Zeit. Denn vor dem Herbst müssen alle überflüssigen Esser entsorgt werden. Die jungfräulichen Arbeitsbienen lassen die männlichen Mitbewohner dann Feindseligkeit spüren, füttern sie

nicht mehr, zwicken sie, bugsieren sie zum Ausgang, sto-
ßen sie zum Flugloch hinaus. Die Kerle wissen nicht, wie
ihnen geschieht (ihr Gehirn ist ohnehin markant kleiner),
und wollen noch einmal herein zum Honigschlecken.
Jetzt kommt es zur »Drohnenschlacht«, bei der ein hilf-
loser Männerverein von unerbittlichen Jungfrauen zu
Tode gestochen und zerhackt wird.

Niemand soll behaupten, das Geschehen im Bienenstock sei eine Daueridylle! Mord und Totschlag gehören
zum befremdlichen Rhythmus der Natur. Die Überreste
der Drohnen werden aus dem Bienenstock gekehrt – ein
männlicher Abfallhaufen. Ist die Samentasche der Königin gefüllt, verkörpert sie fortan beide Geschlechter, in
selbstherrlichem, monarchischem Befruchtungsgeschäft.

Im Gegensatz zu den Geschlechtstieren (Königin und
Drohnen), deren Wirken auf die Reproduktion beschränkt
ist, hat die in der absoluten Mehrzahl existierende jung-
fräuliche Biene eine unglaubliche Vielzahl an Rollen zu
übernehmen. Nur ein Geschlechtsleben hat sie nicht: Die
Königin sondert ein Pheromon ab, die »Königinnen-
substanz«, einen Wirkstoff, der die Eierstöcke der andern
Bienen verkümmern lässt. Ihre Majestät will um jeden
Preis die Einzige sein.

Die Arbeitsbiene hat schon ihrem Namen nach anderes
im Sinn als Sex. Der Reihe nach: Nach ihrem Ei-, Larven-
und Puppenstadium ist sie am 21. Tag geschlüpft und
geht sofort an die Arbeit. Sie putzt sich gründlich, wärmt
mit ihrem durch Flugmuskelzittern aufgeheizten Körper
die Brut in den Zellen und füttert als Amme alte und
junge Larven mit der »Schwesternmilch«, die in der Futtersaftdrüse in ihrem Kopf produziert wird. Sie ist Kö-
nigsmacherin, wenn sie mit dem Energy-Drink *Gelée
Royale* noch üppiger die »Weiselzellen« versorgt, aus

denen die nächste Monarchin schlüpfen wird. Also bereits Agentin der Zukunft. Sie nimmt Nektar von sammelnden Kolleginnen ab, stampft Pollen, deckelt Vorratszellen ab. Sie produziert Wachs mit ihren Wachsdrüsen und baut Waben, hält als Stockbiene die Behausung sauber oder gehört zum hätschelnden Hofstaat der Königin.

Darauf versieht sie in der Nähe des Fluglochs den Wächterinnendienst und hält Eindringlinge fern. Dann macht sie Flugübungen. Erst in fortgeschrittenem Alter – nach drei Wochen Brutpflege, Wabenbau, Innendienst – fliegt sie aus, um Nektar und Pollen zu sammeln, und stirbt nach all der Plackerei nach nur fünf bis sechs Wochen Lebenszeit. Doch auch im Herbst werden noch Bienen geboren. Ihre Aufgabe ist es schlicht, energiesparend den Winter zu überstehen, um im Frühjahr – nach einem Reinigungsflug – für den neuen Beginn der Brutpflege zur Verfügung zu stehen. Sie halten keinen Winterschlaf, sondern drängen sich dicht zu einer schützenden Kugel, die Königin in der Mitte, wärmen sich gegenseitig und bewahren die Temperatur im Bienenstock, fliegen nicht aus, vermeiden jede unnötige Bewegung. Das Überwintern gelingt nicht allen Völkern. Winterverluste sind des Imkers Qual.

Jede Tätigkeit entspricht also einer bestimmten Lebensphase. Als Nektar- und Pollensammlerin legt die Sommerbiene in ihrem kurzen noch verbleibenden Leben rund 8 000 Kilometer zurück. Also auch noch Flugmeilensammlerin.

Die Sprache der Bienen

Ihr Sinn für die Gemeinschaft ist in ihren Körper einge-schrieben. Sie hat einen ihrem Darm vorgeschalteten Sozialmagen, die Honigblase, in der sie den Nektar aus den Blütenkelchen sammelt. Im Bienenstock angekom-men, übergibt sie ihn tröpfchenweise den Kolleginnen vom Innendienst. Aber das ist noch kein Honig. Die Bie-nen würgen den Nektar hervor, erbrechen ihn gleichsam und verwandeln das Gemisch durch ein Speichelenzym in Honig, füllen den neuen, haltbar gemachten Stoff in die Wabenzellen ab.

Honig ist also nicht mehr Nektar, sondern ein Frucht-zucker-Traubenzucker-Speichelgemisch. Er ist gleichsam himmlisch Erbrochenes, vom Bienenspeichel Veredeltes, Eingemachtes, Haltbargemachtes. Aus einem Liter Nek-tar entstehen 300 Gramm reinen Honigs. Kein Wunder, ist der Bienenfleiß sprichwörtlich geworden: Um ihren kleinen Honigmagen mit Nektar zu füllen, muss eine Biene zum Beispiel 1 500 Kleeblüten anfliegen. Für ein Pfund Honig müssen Arbeitsbienen rund 40 000 Mal aus-fliegen und dabei 4 bis 7 Millionen Blüten besuchen. Für ein einziges Glas Honig! Das der diebische Mensch von ihrer Arbeit abzwackt.

Die Biene arbeitet konsequent, sie fliegt nicht planlos allerlei Blümchen an, sondern ist blüten-stet: Beginnt sie morgens mit Birnenblüten, fliegt sie den ganzen Tag nur Birnenblüten an. Auch die Vorräte im Bienenstock sind streng sortiert. Sie weiß, was sie wo unterbringt. Außer Nektar wird auch Pollen gesammelt, der Blüten-staub, der die Proteine und Vitamine für den ganzen Bienenstock liefert. Zwecks besseren Transports lässt die

Biene ihn an ihren Hinterbeinen haften, so entsteht das »Pollenhöschen«.

Die Honigbiene ist bekanntlich wehrhaft und lässt in gewissen Belangen nicht mit sich spaßen. Mit ihrem Giftstachel kann sie sich gegen Eindringlinge und Räuber wehren, gegen stockfremde Bienen, Käfer, Motten, Menschen. Sie ist kein zahmes Haustier, sondern bewahrt sich gern ihre ursprüngliche Wildheit. Mit potentiell tödlicher Wirkung – wehe dem, der ihr zu nahe tritt. Wenn Königin, Brut oder Vorräte in Gefahr sind, sticht sie erbarmungslos zu – und bezahlt oft mit ihrem Leben.

Hat der Feind eine elastische Haut, ist er etwa Wirbeltier oder Mensch, sieht es schlecht aus für sie, weil sie den mit Widerhaken versehenen Stachel nicht mehr herausziehen kann. Ein Teil des Unterleibs, der ganze Stechapparat samt Giftdrüse reißen aus: Die Biene muss sterben. Ist der Gegner ebenfalls Insekt und hat einen Chitinpanzer, zieht sie den Stachel wieder heraus und überlebt den Kampf. Aus einer kleinen Drüse sondert die bedrohte Biene ein Alarm-Pheromon ab, um die Schwestern zu mobilisieren. Es hat den Geruch reifer Bananen. In der Nähe des Bienenstocks bringt Bananengenuss dem Menschen sicheren Verdruss: Er löst geradewegs einen Massenalarm aus. Mister Beekeeper meidet wohlweislich Bananen.

Vieles im Wesen der Biene ist rätselhaft, und der Mensch versuchte mit Mythen und Fabeln, den mysteriösen Dingen Sinn zu verleihen. Was nützt eine Stichwaffe zur Verteidigung, wenn sie sich selbstmörderisch gegen die Biene selber wenden kann, wenn sie die Kämpfende das Leben kostet? Der griechische Dichter Äsop (um 620 bis 560 v. Chr.) schrieb die Fabel *Die Bienen und Zeus*, die erklären will, was der Mensch nicht begreifen kann. Laut Äsop waren die Bienen unzufrieden, dass der Mensch sich ungestraft an ihrem Honigschatz, am Gewinn aus mühseliger Arbeit, vergreifen durfte. Sie flogen zu Zeus und erbaten sich eine wirksame Waffe. Der aber wurde zornig über ihren Neid und ihre Kleinlichkeit, gab ihnen zwar die gewünschte tödliche Waffe, ließ sie jedoch den Besitzerinnen zum Verhängnis werden. Grausamer Zeus! Der die Bienen nur dieses eine Mal bestrafte, ihnen sonst zahlreiche Gaben zugestand. Der Göttervater wird noch von sich hören lassen.

Die Biene hat in Jahrmillionen hochdifferenzierte sensorische und kognitive Fähigkeiten entwickelt. Ein Vorurteil besagt, dass ein winziges Hirn – kleiner als ein Stecknadelkopf – einfach strukturiert sein muss, nur über schematische Problemlösungen verfügen kann. Die Biene aber besitzt ein erstaunliches Gehirn, das ihr ermöglicht, komplexe Informationen zu speichern und abzurufen und sich in riesigen Gebieten zielsicher zurechtzufinden. Das Bienenhirn – zehntausendmal kleiner als das des Menschen! – ist fähig, Aufgaben zu erlernen, von denen man bislang annahm, dass sie ein wesentlich größeres Gehirnvolumen erfordern. Also auch hier lag Herr Herder aus Weimar nicht ganz falsch, als er in den Bienen die »älteren Brüder des Menschen« vermutete.

Sensationell waren im 20. Jahrhundert die Entdeckungen des in Wien geborenen Zoologen Karl von Frisch (1886 bis 1982), der vorwiegend in München lehrte und 1973 gleichzeitig mit dem Verhaltensforscher Konrad Lorenz den Nobelpreis bekam. Seine Forschungen betrieb er ab 1912 über Jahrzehnte. Zunächst erkundete er das Farbsehen der Bienen, entdeckte, dass die Biene eine Nahrungsquelle an reichen Farb- und Blühmustern erkennt. Zwar ist sie rotblind, verwechselt Rot mit der Nicht-Farbe

Schwarz, doch unterscheidet sie die drei Grundfarben Gelb, Blau und Ultraviolett, das für den Menschen unsichtbar, für sie aber die leuchtendste Farbe des ganzen Spektrums ist. Dazu gibt es exotische Mischungen wie »Bienenpurpur« und »Bienenviolett« im Grenzbereich zum Ultraviolett. Zwar sieht sie mit den 6000 Facetten ihres Auges weniger scharf als der Mensch, die Formen weniger deutlich, dafür Bewegungen markant schneller. Vor ihr entsteht ein Mosaik aus kleinsten Bildteilchen. Einen Gehörsinn hat man bis heute nicht nachweisen können, aber Bienen vermögen Vibrationssignale, Schwingungen zu empfangen. Sie spüren Schall am ganzen Körper mit ihren feinen Sinneshärchen, mit denen sie auch das Magnetfeld der Erde, die Schwerkraft spüren.

Ab 1920 kam von Frisch dann jenem Bereich auf die Spur, dessen aufsehenerregende Entdeckung seither mit seinem Namen verbunden ist: die Tanzsprache der Bienen. Irrtümer und vorerst falsche Schlüsse gehörten zum gewundenen Weg der Erkenntnis, doch 1946 veröffentlichte er seine revidierten, vertieften Einsichten, die in Fachkreisen zunächst ungläubig aufgenommen wurden. Man hielt den Mann schlicht für einen Phantasten. Seine These: Bienen kommunizieren lebhaft untereinander, sie haben eine Sprache mit abstrakten Symbolen – genau das, worüber sonst nur intelligente, »höhere« Wesen verfügen.

Mittels Glaswänden konnte Karl von Frisch das seltsame Geschehen beobachten. War eine Kundschafterin in den Bienenstock zurückgekehrt, hatte den Nektar hervorgewürgt und abgeliefert, begab sie sich auf eine der senkrecht hängenden Waben, um zu »tanzen«. Sie bringt mit ihrer Flugmuskulatur die Zellenränder zum Vibrieren und verkündet so: Der Tanz beginnt. Weitere Bienen kommen jetzt als interessiertes Publikum hinzu. Zunächst der »Rundtanz«: einmal im Kreis herum, dann in die Gegenrichtung, dann noch einmal von vorn tänzelt die Heimgekehrte auf den Wachsrändern der Wabenzellen. Die herbeigeeilten Bienen laufen der Tänzerin hinterher und berühren in diesem Bienenballett immer wieder mit den Fühlern deren Körper.

Oder dann ein anderes Muster, der »Schwänzeltanz«. Er vollzieht sich in Form einer Acht: erst ein Kreis, dann ein Stück geradeaus, dann ein zweiter Kreis in Gegenrichtung. Und auf dem geraden Weg in der Mitte der Acht schwänzelt das Insekt mit dem Hinterleib. Das hört sich wunderbar albern an. Von Frisch spekulierte zunächst über eine Unterscheidung zwischen Nektar und Pollen bei den beiden Tanzarten. Ein Irrtum, zu dessen Behebung er nochmals Jahre einsetzte. Es geht bei den Bienentänzen um eine ganze Reihe von Informationen: Qualität der Futterquelle, Art und Ort der Blüten, Richtung in Bezug auf den Sonnenstand, genaue Distanz. Die aufmerksamen Bienen im Publikum kapieren schnell, fliegen sofort los und finden zielsicher den Futterschatz. Als weitere Navigationshilfe dient eine Duftdrüse am Hinterleib der vorausfliegenden Entdeckerin. Getanzt wird nur, wenn eine ergiebige Nahrungsquelle entdeckt wurde. Ohne Blütenmeer kein Ballett!

Der Rundtanz meldet einen einschlägigen Fund im Nahbereich, innerhalb von fünfzig Metern vom Bienenstock. Die Nachtänzerinnen erfahren am Körper der Heimgekehrten den genauen Duft der Blüte – durch Berühren des Hinterleibes. Denn Geruchswahrnehmung ist bei ihnen an den Tastsinn gekoppelt, sie »riechen plastisch«, die Fühler sind Träger des Geruchsorgans. Unglaublich: Bienen können den spezifischen Duft unter rund 750 anderen herausriechen. Ein phänomenales Duft-Sensorium!

Für längere Distanzen bis zu zehn Kilometer braucht es zusätzliche Informationen, kommuniziert durch den Schwänzeltanz. Die Biene tanzt ihn so, dass der gerade Mittelgang zwischen den Kreisen der gezeichneten Acht zur senkrechten Wabe einen bestimmten Winkel bildet, der präzise den Winkel zwischen dem Sonnenstand und der Richtung der begehrten Nahrung wiedergibt. Die Biene benutzt die Sonne als Kompass. Die Distanz wird ebenfalls in der Schwänzelphase der Tanzfigur kodiert. Bei einem Abstand von 100 Metern zur Futterquelle folgen die Wendungen rasch aufeinander, die Tänze sind hastig. Je größer die Entfernung, desto gemessener und nachdrücklicher wird die Schwänzelsprache.

Was ist, wenn die Sonne nicht sichtbar ist? Dann orientieren sich die Bienen am polarisierten Himmelslicht, dessen Schwingungsrichtung sie wahrnehmen können. Ein kleines Stück blauen Himmels genügt ihnen zur Feststellung des Sonnenstandes. Ist der Himmel dick mit Regenwolken verhangen, fliegen sie heute mal lieber nicht aus. Bienen haben einen erstaunlich präzisen Zeitsinn, eine »innere Uhr«. Auch im dunklen Bienenstock wissen sie, »wie spät es ist«. Ihre innere Sonnenuhr läuft immer mit. Kennen sie die Richtung der am Morgen angeflogenen Futterquelle, finden sie deren Ort anhand des Sonnenstandes auch am Nachmittag wieder. Sie finden den Futterplatz, auch wenn sie einen Berg umfliegen müssen. Lauter summende kleine Hautflügler-Kompässe, gelenkt vom Sonnenstand. Im Flug werden auch Landmarken registriert, Waldränder, markante Einzelbäume.

Im Jahr 1988 verblüffte ein Forscherteam mit der Entdeckung, dass Bienen bei ihren Flügen eine geistige Landkarte nutzen, Landschaften ganzheitlich, als eine Vielzahl von Informationen erkennen. Die Biene ist eine talentierte Landschaftsfotografin. Sie registriert unermüdlich, was die Landschaft bietet. Wie kamen von Frischs findige Nachfolger der mentalen Landkarte auf die Spur? Durch einen schlauen Trick. Auf dem Versuchsgelände gab es einen kleinen See. Man installierte auf einem Ruderboot mitten im See eine üppige Futterstelle und dressierte einige Bienen auf diesen Fundort. Zurück im Bienenstock, tanzten die Heimkehrerinnen eifrig für den Blütenschatz. Ohne Erfolg. Keine einzige Sammelbiene machte sich auf den Weg. Die mentale Karte sagte ihnen nämlich, dass der Platz mitten im See liege, dort könne es doch wohl weder Blumen noch Bäume geben. Gib's auf, Kollegin, nicht der Rede wert. Die hinterlistigen Forscher ziehen darauf das Futterboot ganz nah ans Ufer. Wieder tanzen die Heimkehrerinnen. Und siehe da: Die Sammlerinnen sausen sofort los. Denn dort ist die Futterquelle denkbar.

Die Entdeckung der Bienentänze war ein Meilenstein auf dem Weg zur Ergründung des rätselhaften Insekts. Aber von Frischs schlaue Schüler haben seither keine Mühe gescheut, die kognitiven Fähigkeiten der Honigbiene und den verblüffenden Schwänzeltanz noch weiter zu erforschen, die Erkenntnisse zu verfeinern. Die famose *BEEgroup* um Jürgen Tautz an der Universität Würzburg ist ein Beispiel für innovative, experimentierfreudige Bienenforschung. Nach neuesten Einsichten ist der Schwänzeltanz eher ein »Schwänzelstand«. Die Beine bleiben starr, die Biene schwänzelt und schiebt dabei ihren Körper vorwärts, um die Wabe mit dem Druck ihres Körpers zum Vibrieren zu bringen. Die Tänzerin auf der Wabe klammert sich mit ihren sechs Füßen an die Zellenränder und produziert mit der Flugmuskulatur kurze Schwingungspulse, die über die vibrierenden Ränder weitergeleitet werden. Die Pulse schwingen im Wachs wie in einer »Telefonleitung«, die kunstvoll angelegte Wabe ist also gleichsam auch noch »Telefonnetz«. Über die schwingungsempfindlichen Sinneszellen an den Beinen nehmen die interessierten Empfängerinnen die Nachricht auf, laufen zur Tänzerin und erfahren im direkten Fühlerkontakt mit ihrem Körper die duftende Frohbotschaft einer neuen, lohnenden Futterquelle. Pure Körpersprache, kein visuelles Ballett, denn im Bienenstock ist es dunkel, die Bienen sehen die Tänze nicht, sie haben andere Antennen dafür.

Auch zur Kommunikation der Entfernung hat die BEE-group Verblüffendes ans Tageslicht gebracht. Die Biene misst ja nicht die Meter bis zur Futterquelle, sie hat kein Metermaß in der Tasche. Tautz und sein Team ließen die Kandidatin also in einer Tunnelröhre fliegen, deren Wände mit verschiedenen Schwarz-Weiß-Mustern versehen waren. Die Forscher stellten fest, dass die Flugbiene den »optischen Fluss« registriert, die Abfolge von hellen und dunklen Bildern, die an ihr vorübergleiten und die für Landmarken stehen (hoher Baum, fließender Bach, helle Wiese). Den Kolleginnen wird dann die Zahl der Wechsel von hellen und dunklen Gegebenheiten mitgeteilt, die sie auf dem Weg zur Futterquelle passieren müssen.

Wer weiß, womit uns die findigen Bienenforscher in Zukunft noch überraschen werden. Eines ist sicher: Die Biene ist kein simpler Roboter, der mechanisch seine Aufgaben erfüllt. Sie hat für ihr winziges Gehirn ungeahnte kognitive Fähigkeiten, ist verblüffend lernfähig, kann abstrahieren, vermag es, zwischen zwei angebotenen Möglichkeiten zu entscheiden, Regeln – und Regelumkehrungen – rasch zu verstehen und anzuwenden. Die Bienen-Rätsel sind noch lange nicht alle gelöst, auch wenn die Erkenntnisse immer weiter verfeinert werden. Karl von Frisch hatte mit seinen Forschungen zur Kommunikation der Honigbienen erst einen Teil der Wunder enthüllt. Vielleicht aber tanzen die Bienen seither munter auch zu Ehren eines Wiener Phantasten, der ihnen ihre Sprache abgelauscht hat …

Eine fliegende Apotheke

Eine der besten Überraschungen, die mir mein Obstgarten-Gewährsmann bescherte, betraf den Zweck der Honigvorräte selber. Das Wenigste, was da mit Bienenfleiß angesammelt wird, dient als schlichte alltägliche Mahlzeit und Wintervorrat. Zur Ernährung bräuchten die Tierchen gar nicht so viel. Für die Biene ist der Honig in erster Linie Energieträger, Heizmaterial. Sie ist eine Zeitgenossin, die die Nestwärme sehr wörtlich nimmt. Dank der aus dem Honig bezogenen Energie kann sie ihren Körper durch Flugmuskelzittern bis 43 Grad aufheizen und zum Wohle der Brut ihre Wärme wieder abstrahlen. Die Heizerbienen schenken den Larven und Puppen ihre lebendige Glut.

Die Flugmuskulatur ist die stärkste Maschine, die der Biene zur Verfügung steht. In einem bestimmten und kuriosen Fall kann die rasche Heizfähigkeit auch als Waffe eingesetzt werden. Ort des Geschehens: der Ferne Osten. Die asiatische Riesenhornisse (Vespa mandarinia) ist eine sehr aggressive Wespenart, die auf Plünderung und Massaker aus ist. Doch die Östliche Honigbiene (Apis cerana) hat im Laufe der Evolution eine wirkungsvolle Gegenwehr entwickelt. Der Stachel ist gegen den starken Chitinpanzer der Riesenhornisse unwirksam. Kreuzt aber eine Hornissenspäherin auf, um ein Bienennest mit einem Duftstoff zu markieren, dem das nachfolgende Heer nur zu folgen braucht, stürzen sich mehrere Hundert Bienen blitzartig auf die Hornisse und erzeugen eine »Hitzekugel« um sie, einen Ball aus Bienen, in dem durch Muskelzittern große Hitze erzeugt wird. Der Feindin bringt man gleichsam das Blut zum Kochen, bis sie verendet. Die Späherin kann ihre gefährliche Duftbotschaft nicht anbringen. Sie wird nie wieder zu ihresgleichen zurückkehren … Der Schwächere braucht eben ein evolutionäres Plus an Erfindungsgabe.

Vor ein paar Jahren ist eine andere asiatische Hornissenart (Vespa velutina nigrithorax) auch in Südeuropa eingefallen und verursacht seither zum Beispiel in Südwestfrankreich große Verluste. Auf Zypern wurde beobachtet, dass die Bienen keinen Hitzeball um die Hornisse bilden, sondern sich um deren Hinterleib drängen, um dort die Atemöffnungen zu blockieren und die Angreiferin zum Ersticken zu bringen. Die zypriotischen Bienen haben gleichsam die Achillesferse der Hornisse entdeckt …

Das Flugmuskelzittern der Biene ist jedoch in erster Linie eine Maßnahme zur Erzeugung von Nestwärme. Der Bienenstock ist also ein gut regulierter Brutkasten. Vier Fünftel aller Honigvorräte kommen dem Bienennest nicht in Form von Nahrung, sondern als Heizwärme zugute. Wird es einmal doch zu heiß, werden Wassertröpfchen herbeigeschafft, und eine abgeordnete Bienentruppe fächelt mit den Flügeln die notwendige Kühle herbei. Der Bienenstock: eine regelrechte Klima-Anlage!

Für den Menschen aber ist Honig natürlich ein uraltes Nahrungsmittel, ein begehrter Süßstoff, ein polyvalentes Heilmittel. Schon die Menschen der Jungsteinzeit waren heiß auf Honig. Vor etwa 7000 Jahren begannen die Bewohner Zentralanatoliens, Bienen zu halten. In einem Tempel von Çatal Höyük sind Waben und Bienenlarven dargestellt. Auch die Ägypter hatten vor 4500 Jahren bereits ein entwickeltes Imkerwesen. Das Sammeln von wildem Honig ist jedoch weitaus älter. Die erste Abbildung einer Begegnung von Menschen und Bienen ist eine 12000 Jahre alte Felsmalerei in den Cuevas de la Araña bei Bicorp, Provinz Valencia, Spanien. Sie zeigt zwei waghalsige Honigsucher, die an Stricken zu einem hochgelegenen Felsloch emporklettern, einen Flechtkorb in der Hand, um die Waben einzusammeln – bedrohlich umschwärmt von gereizten Insekten.

Bevor im 17./18. Jahrhundert das Zuckerrohr der karibischen und südamerikanischen Kolonien und ab Beginn des 19. Jahrhunderts die industriell angebaute Zuckerrübe die manische Süß-Sucht der Europäer befriedigen konnten, war die kleine Biene exklusiv dafür zuständig. Jahrtausendelang. Der Kolonialismus geht nicht zuletzt auf den gesteigerten Süßhunger der Europäer zurück, und er brachte nicht nur Plantagenanbau und Monokultur hervor, sondern auch rücksichtslose Ausbeutung, Sklaverei, menschliches Leid. Die unscheinbare Biene dagegen war eine rastlose Selbstausbeuterin.

Trotz Zuckerrohr und Rübe behielt der Honig seine Aura der idealen Süße. Das Märchen *Die Bienenkönigin* der Brüder Grimm erzählt, wie nur der jüngste von drei Brüdern – natürlich der Dummling! – die drei Aufgaben zu meistern versteht, die ihm von einem grauen Männlein gestellt werden. Deren Lösung soll zur Auferweckung eines zu Stein erstarrten Hofstaates führen. Da der Dummling einst einer Bienenkönigin das Leben erhalten hatte, bekommt er jetzt, ganz klar, deren Unterstützung. Die dritte Aufgabe besteht nämlich darin, von den drei schlafenden Töchtern des Königs die jüngste und liebste herauszufinden. Die drei gleichen sich aber vollkommen, nur dass sie vor dem Schlaf verschiedene Süßigkeiten genascht haben, die Älteste ein Stück Zucker, die Zweite ein wenig Sirup, die Jüngste einen Löffel Honig. »Da kam die Bienenkönigin von den Bienen, die der Dummling vor dem Feuer geschützt hatte, und versuchte den Mund von allen dreien. Zuletzt blieb sie auf dem Mund sitzen, der Honig gegessen hatte, und so erkannte der Königssohn die Rechte … Und der Dummling vermählte sich mit der Jüngsten und Liebsten.«

Der Inbegriff aller Süße: der Blütenhonig, den die Biene aus dem Nektar der Blütenkelche herstellt. Der dunkle Waldhonig entsteht aus einer anderen Quelle. Die Biene sammelt dafür bei auf Bäumen lebenden Blatt- und Rindenläusen die kristallklaren, zuckerhaltigen Ausscheidungen ein, sie »melkt« gleichsam die Läuse, nimmt ihnen den »Honigtau« ab. Der Waldhonig stammt also aus süßen Laus-Exkrementen, der Blütennektar wird aus dem Honigmagen unter Speichelzufuhr »erbrochen«?

Das klingt alles nicht sehr appetitlich, und doch ist Honig eines der gesündesten Nahrungsmittel überhaupt – wenn er nicht vom Menschen verunreinigt wird durch Insektizide und Antibiotika. Im Oktober 2008 mussten in der Schweiz 3 395 Kilo mit Streptomycin belasteten Honigs, das zur Bekämpfung der Obstbaumkrankheit Feuerbrand eingesetzt wird, vernichtet werden, um Antibiotika-Resistenzen beim Menschen vorzubeugen. Wie viel vergebliche Bienenmühe, wie viele nutzlose Ausflüge:

Ein einziges Gramm Honig erfordert 8000 bis 10000 Blütenbesuche, für ein Kilo Honig müssen die fleißigen Sammlerinnen eine Wegstrecke zurücklegen, die mehr als das Dreieinhalbfache des Erdumfangs ausmacht …

Eine Binsenwahrheit, dass Honig kein simpler Brotaufstrich ist, sondern ein gleichsam ewiges Heilmittel der Volksmedizin. Er war aufgrund seiner antiseptischen Wirkung *die* Arznei der Antike. »Heilen mit Honig« galt als Grundprinzip bei der Ausbildung der Ärzte. Ägyptischen Kriegern wurden Honigpflaster auf die Wunden gelegt, Homers Kämpfern ebenso. Hippokrates schwor auf die süße Medizin, verordnete sie bei Fieber, Verletzungen, Geschwüren (und Impotenz).

Das antike Heilmittel ist keineswegs veraltet: Keimen, die gegen Antibiotika multiresistent sind, auch den gefürchteten MRSA-Bakterien, versucht man mit Honig beizukommen, speziellem »Medihoney«, gesammelt auf dem australischen Teebaumgewächs Leptospermum. Das Geheimnis der Heilung beruht auf dem Enzym Glucose-Oxidase, das die Insekten mit ihrem Speichel zusetzen. Es entstehen dadurch kleine Mengen Wasserstoffperoxid, dessen desinfizierende Wirkung bekannt ist. Die Maori, die Ureinwohner Neuseelands, haben die antibakterielle Wirkung von Manuka-Honig – Manuka bezeichnet in der Maori-Sprache die Südsee- oder Neuseeland-Myrte, eine Verwandte des australischen Teebaums – früh erkannt und genutzt. Eines der großen Probleme der Zukunftsmedizin zeichnet sich schon heute ab: Jedes Jahr sterben mehr Menschen wegen Antibiotika-Resistenzen. Die Suche nach anderen Heilmitteln wird immer dringlicher. Die Biene hat als Medizinerin noch längst nicht ausgedient.

Honig enthält neben seiner eigenen Mischung aus Einfachzucker, Aminosäuren, Enzymen, Mineralien, Vitaminen und Hormonen auch die Heil- und Nutzeigenschaften der Pflanzen, bei denen die Bienen auf Sammeltour waren. Honig wird bei Herz-Rhythmusstörungen und unterstützend zum Muskelaufbau nach Herzinfarkten eingesetzt. Er regt die Blut- und Lymphbildung an, stimuliert die körpereigene Abwehr. Er wirkt sowohl antibakteriell als auch gegen Pilze, stabilisiert die Magensäure, kann bei Magen-Darm-Infekten verwendet werden, aber auch bei Blasen- und Prostataerkrankungen, Hämorrhoiden und Thrombosen. Kurz: Honig entgiftet den Körper. Von Ekzem und Husten bis Verbrennung und Zahnschmerz haben unsere Vorfahren und Ururgroßmütter alles Mögliche mit Honig bekämpft. Man mag über so viel angebliche Heilkraft lächeln, simpler Hokuspokus ist es nicht.

Aus Honig und Wasser bestand der *Energy-Drink* der antiken Athleten. Honig galt auch als Mittel zur Verlangsamung des Alterungsprozesses, zur Lebensverlängerung. Der »lachende Philosoph« Demokrit von Abdera, der 460 bis 370 v. Chr. lebte, verriet das simple Geheimrezept seiner Langlebigkeit: »innerlich Honig, äußerlich Öl.« Honig war immer Genussmittel und Medizin zugleich.

Vielleicht entwickelt sich die Biene noch zur Lifestyle-Botschafterin, die in den Innenstädten ihre modischen Filialen unterhält? Es muss ja nicht gerade die entschlackende Honigmassage sein. Dass Honig auch gezielt kosmetisch eingesetzt wurde, ist altbekannt: Kleopatra wusste, was sie ihrer Schönheit schuldig war, und badete ausgiebig in Honig und Eselsmilch. Honig – ein wahrlich pharaonischer Badezusatz.

Der Bienenstaat ist ein rundum erstaunliches Wirtschaftsunternehmen von vielfältiger Nützlichkeit. Hergestellt wird beileibe nicht nur Honig. Insgesamt sind es sechs Produkte mit einer Vielzahl von Anwendungen. Die Apitherapie ist auf dem Vormarsch! Der energiereiche Königinnen-Futtersaft *Gelée Royale* soll lebensverlängernd wirken und sogar krebshemmende Eigenschaften haben. Der eiweißreiche Pollen muss das Immunsystem stärken und gegen Arterienverkalkung wirken. Propolis – so heißt der Kittharz der Bienen; den Rohstoff liefern Nadelbäume, die Bienen vermengen ihn mit Wachs, Pollen und Speichel, um Risse im Bienenstock abzudichten – ist ein natürliches Antibiotikum, wirkt entzündungshemmend und schmerzstillend. Selbst noch das Bienengift macht sich nützlich, hilft bei Gelenkentzündungen, Rheuma, Arthrose. So mancher alte Imker lässt sich von den Bienen »behandeln«. Die Honigbiene ist eine fliegende Apotheke, eine summende Allround-Therapeutin.

Indisches Intermezzo: Mögen unsere Kühe Honig geben!

Wird es nicht Zeit, Mister Beekeeper, für einen kleinen Ausflug an den indischen Himmel, zu den Veden und hinduistischen Bienen? Er heißt Gotama und ist einer der besten Dichter im *Rig-Veda*, der Sammlung der ältesten Schriften Indiens, die zwischen 1500 und 1000 v. Chr. entstanden, aber noch weiter zurückreichende, mündlich tradierte Ursprünge haben. Es ist ein gewaltiger Chor von tausend Hymnen zur Preisung der Götter, Lobgesänge und Beschwörungen, inbrünstige Anrufungen, Bitten und Gebete. In der zehnten Gruppe des Ersten Liederkreises finden sich Gotamas Lieder. Sein schönster Gesang, der neunzigste in diesem Kreis, richtet sich *An alle Götter*, an »die Bewahrer der Schätze«. »Macht unsere Dichtungen kuhgekrönt!«, ruft Gotama aus, und »macht uns glückbegabt!«

Den ewigen Menschheitstraum von Glück und überwältigender Fülle drückt diese Hymne aus. Was folgt, ist eine Reihung süßester Dinge, für die – natürlich – der Honig steht. Es ist eine Bitte um Verwandlung des Alls in Honig, in die Substanz des überfließenden süßen Übermaßes, des Besten, was die Menschheit sich erträumen kann.

> Möge dem Gesetzestreuen aus dem wehenden Wind
> Honig tropfen!
> Mögen die Flüsse Honig uns schaffen!
> Mögen unsere Heilpflanzen sich in Honig verwandeln!
> Mögen Morgen- und Abenddämmerung
> voller Honig sein!
> Mögen alle dunklen Stoffe zu Honig werden!
> Möge unser Ernährer, der hohe Himmel,
> nichts als Honig sein!
> Mögen unsere Bäume Honig spenden!
> Möge die Sonne Honig sein!
> Mögen unsere Kühe Honig geben!

Indiens heilige Kühe verwandeln sich in dieser paradoxen Metamorphose gleichsam auch noch zu Honigbienen, Lieferantinnen des süßesten und göttlichsten aller denkbaren Stoffe. Gleich der folgende Gesang richtet sich *An Soma*, das Rauschgetränk der Götter. In Gotamas Hymne wird der heilige Saft selber als Gott verehrt: »Mit dem himmlischen Geist, o Gott Soma, / erkämpfe uns einen Anteil am Reichtum, du Mächtiger!« Sogar Unsterblichkeit sollte das mysteriöse Göttergetränk schenken: »Du, Soma, bist der rechtmäßige Gebieter ... wenn du willst, Soma, dass wir leben, so sterben wir nicht.«

Hergestellt wurde Soma aus der Ephedra-Pflanze, deren Geschmack herb und bitter war, so dass Milch und Honig zugefügt wurde. Soma wird oft auch *madhu* genannt: Es ist das Sanskrit-Wort für Honig oder »Met«, jenen rituellen Rauschtrank der Urzeiten, als noch kein Mensch von Bier und Wein zu träumen wagte. Das Wort für Biene ist *madhva*, doch ein in den Veden oft gebrauchtes Wort für sie lautet *Brahmara* (Wanderin). Von Blüte zu Blüte fliegend, erfindet die Honigbiene gleichsam nebenbei die Idee der Seelenwanderung.

Die Soma- und Honig-Verehrung ist in die heiligen Texte des Hinduismus eingeflossen, in die Kosmologie und Geheimwissen vereinenden, um die Weltseele kreisenden *Upanischaden* (700 bis 500 v. Chr.), die Arthur Schopenhauer als seine »erhebendste« Lektüre und den »Trost meines Lebens« bezeichnete. In den *Upanischaden* wird das Weltall geradezu als gigantischer Bienenstock gesehen. Die Sonne ist der Honig der Götter. Das Dach, an dem die Waben hängen – der Himmel. Die Waben – der Luftraum, die Bienenbrut – die Lichtelemente. Und weiter in diesem allumfassenden Bildgefüge, das vom Kosmos bis in die Verse der heiligen Texte reicht: Die Bienen sind die einzelnen Verse, die Blume ist der *Rig-Veda*. Unendlich scheint der Bildervorrat zu sein, den dieser großzügige kosmische Bienenstock spendet. Er ist ein Bildergenerator für die Weltseele.

Die höchste Gottheit ist Brahman, der unpersönliche Geist des Alls, das ewige, unvergängliche Absolute, die unwandelbare, unendliche Weltseele. In den *Upanischaden* heißt es von ihr in einem Glaubensbekenntnis voller

Farben: »Du – Brahman – bist Frau und du bist Mann. Du bist die dunkelblaue Biene und der grüne Papagei mit den roten Augen. Dein Kind ist der Blitz. Du bist die Jahreszeiten und bist die Meere. Du durchdringst alles, bist allgegenwärtig. Alles, was ist, wurde aus dir geboren.«

Du bist die dunkelblaue Biene? In der hinduistischen Mythologie wird der Gott Vishnu, der Bewahrer der Welt, in einer seiner Inkarnationen als *Blaue Biene* dargestellt. Blau ist die Farbe des Äthers, dem die Götter entstammen. Im Kelch der Lotusblume soll er ruhen, eng neben Kama, dem Gott der Liebe und des Verlangens, der genau wie der griechische Eros Pfeile mit dem Bogen verschießt … dessen Sehne aber aus einer Kette lebendiger Bienen besteht. Die Schmerzen, die seine Pfeile verursachen, sollen durch die Honigtierchen versüßt werden. Aber die Pfeilspitzen bestehen ohnehin nur aus blühenden Blumen. Süße Schmerzen sind Kamas Spezialität.

Vishnu und Kama haben also den gleichen Schlafort, die Bewahrung der Welt und die Liebe teilen sich dieselbe Lotusblüte. Sie ist das Symbol der Natur, der empfangenden Erde, deren Lebenskräfte schlummern, bis die Sonne mit Licht und Wärme sie zu einem neuen Dasein ruft. Durch den ersten Sonnenstrahl wird die *Blaue Biene* Vishnus aufgeweckt – ein Sinnbild der Geburt. Und Kama spannt den süßen Bogen …

Vishnu und Krishna, eine seiner zahlreichen Verkörperungen (auch er trägt eine blaue Biene auf der Stirn!), und auch der Sonnengott Indra werden als *madhava* bezeichnet, als »dem Honig Entsprossene«, Nektargeborene. Honig ist die Ur-Matrix der Himmlischen, die allererste Nahrung der Götterwelt. Als Honig spendende Gottheit wird in den Veden auch der Mond betrachtet. Sein Beiname ist *madhukara*, der Honigschaffende. Die

Ideen wandern durch die Menschheitsphantasie, und die Poesie ist pures, manchmal unbewusstes Langzeitgedächtnis: Der französische Dichter Guillaume Apollinaire (1880 bis 1918) schuf in seinem frühen Gedicht *Clair de lune* (Mondlicht) aus der Sammlung *Alcools* (1913) – es steht in der »Wabe voller Gedichte« am Schluss dieses Buches – keine romantische Anbetung des Mondscheins, sondern einen hinduistischen Traum.

Doch die am stärksten mit den Bienen verbündeten Gottheiten sind die *Asvins*, die heilenden Zwillingsgötter. Sie sind mit den Töchtern des Lichts vermählt und gelten selber als Genien des Lichts, symbolisieren die ersten Strahlen der aus der Morgendämmerung hervorbrechenden Sonne. Dreimal pro Tag fahren sie auf ihrem von weißen Pferden gezogenen goldenen Wagen zur Menschheit nieder, um ihre wunderbaren Wohltaten zu spenden. Sie sind wörtlich »die Pferdelenker«, oft werden sie auch selber mit Pferdeköpfen dargestellt. Diese göttlichen Zwillinge und heiligen Honigtrinker sind es, die laut den Veden den Honig zu den Bienen bringen. Sie haben Honig unter ihrer Haut, ihr Wagen ist honigbeladen, und mit ihrer sprühenden Peitsche lassen sie Honig auf die Erde nieseln. Sie treiben Süßigkeit und Nahrhaftigkeit in die rituellen Opfer, verleihen dem Menschen Kraft und langes Leben. »Honigtriefend ist eure Peitsche, o Asvins ... begießt damit dieses Opfer.«

In zahlreichen Hymnen des *Rig-Veda* werden die Asvins um Rettung und Heilung angerufen, als mildtätige Götter, die das Dunkel zerteilen, Krankheit, Not und böse Geister vertreiben. Eng mit den Wohltaten der Honigbiene assoziiert, sind sie Garanten des Wohlergehens der Menschheit. Noch einmal ist die Biene eine fliegende Apotheke – diesmal eine religiös eingespannte. Die Asvins spenden Heilung jeder Art, und die Menschen lieben sie dafür.

Aber auch mit der Gabe des Wortes beschenken sie die Irdischen. Im *Atharva-Veda* gibt es eine besondere Hymne, die der freigebigen Honig-Peitsche der Asvins gewidmet ist: »O Asvins, ihr Herren der Helligkeit, salbt mich mit dem Honig der Biene, dass ich kraftvoll sprechen darf unter den Menschen.« Selbst eine erotische Dimension der Honiggabe deutet sich früh an. Im *Rig-Veda* heißt es: »Für euch, o Asvins, nahm die Biene Honig in ihren Mund, wie eine Frau mit Honig in ihrem Mund zum Liebestreffen geht.«

Dass alle indische Liebespoesie auf der Bienen- und Honigverehrung beruht, ist selbstverständlich. In einem Werk der klassischen indischen Literatur, das Goethe zum Jubeln brachte, dem in Sanskrit verfassten Drama *Sakuntala* des Dichters Kalidasa (um 315 bis 415 n. Chr.), werden die »Goldenen Bienen« als die »Boten der Liebe« angesprochen. Ein vielgereister Freund berichtet mir, Mister Beekeeper, von indischen Hochzeitsbräuchen, bei denen der Honig eine wesentliche Rolle spielt. Stirn und Mund, Augenlider, Ohren und die Schamlippen der Braut werden am großen Tag unter althergebrachten Segenswünschen mit Honig bestrichen. Süß sollen sie sein, die Orte der Liebe … Der Liebesgott Kama soll sich an ihnen freuen dürfen. Eine in Indien beliebte symbolische Verbindung ist die auf der *Yoni*, dem weiblichen Geschlechtsteil, ruhende Biene – als ein Symbol für Fruchtbarkeit, empfangende Weiblichkeit. So viel hinduistische honigtriefende Liebesmystik und deren hochzeitliche Anwendung können einen schwindeln machen, Mister Beekeeper. Fliegen wir vom wimmelnden Götterhimmel Indiens und den honigbestrichenen Regionen der Religionen noch einmal zum Material des irdischen Lebens, zu den von der Biene geschaffenen Stoffen und Substanzen.

O Wabenkünstlerin

Eines der Bienenprodukte fehlt noch im Repertoire der nützlichen Dinge, nach Honig, Pollen, Propolis, *Gelée Royale* und Rheuma linderndem Bienengift: das Bienenwachs. Es ist ein sehr komplexes Material, zusammengesetzt aus über 300 verschiedenen Substanzen. Wohltuend soll es sein bei Entzündungen von Muskeln, Nerven und Gelenken. Gekaut, stärkt es das Zahnfleisch: Es war übrigens der Kaugummi der griechischen Antike. Dank seiner bindenden Eigenschaften wurde es tausendfach in Kosmetika und Salben aller Epochen eingesetzt. Aber in erster Linie ist es natürlich der Baustoff der Biene.

Wortgeschichtlich ist die Biene ohnehin eine Baumeisterin. Die romanischen Sprachen leiten sie vom lateinischen *apis* ab (etwa die französische *abeille* von *apicula*, »Bienchen«), das althochdeutsche Wort lautete *piâ*, was das Grimm'sche Wörterbuch herleitet vom Tätigkeitswort *pi* (»bauen«). Mittelhochdeutsch lautet das Wort dann *bîe* oder *beîe* (peie), worin man auch bereits das englische *bee* vernimmt. Der indoeuropäische Ursprung soll im Sanskrit-Wort *pâ* liegen.

Selbst ist die Biene! Honigbienen erzeugen den Baustoff für die Waben in körpereigener kontrollierter Herstellung. Das Wachs entsteht in acht Drüsenfeldern, die auf der Bauchseite von vier Hinterleibssegmenten paarig angeordnet sind. Die Biene »schwitzt« das Wachs gleichsam aus. Es erstarrt danach zu hauchdünnen Schuppen, die mit einem Segment des Hinterfußes aufgespießt und über Mittel- und Vorderbeine nach vorne zu den Mundwerkzeugen gereicht werden. Dort wird die Schuppe durchgeknetet und mit einem Drüsensekret vermischt, bis das Wachs die richtige Konsistenz hat. Solides Hand- und Mundwerk!

Die Wachsproduktion eines Volkes nach Bezug einer neuen Wohnhöhle ist eine enorme Energieleistung. Für ein Nest mittlerer Größe bauen die Bienen etwa 100 000 Brut- und Vorratzellen und benötigen dafür 1 200 Gramm Wachs. Für 100 Gramm Wachs aber sind 125 000 Schuppenplättchen notwendig. Am Höhlendach wird mit dem Wabenbau begonnen, es entsteht Schicht für Schicht der genau lotrecht hängenden Wabe. An ihren Gelenken hat die Biene Sinneshaarpolster, die ihr die Richtung der Schwerkraft anzeigen, sozusagen ein eingebautes Lot.

Die Biene ist eine natürliche Geometerin, das Sechseck jeder Zelle – ein Gebilde von unglaublicher Präzision. Alle Winkel betragen exakt 120 Grad. Einmal mehr mit Wilhelm Busch: »Und all die wackern Handwerksleute, / Die hauen, messen stillvergnügt, / Bis dass die Seite sich zur Seite / Schön sechseckt zusammenfügt.« Das Hexagon ist optimal für platzsparende Anordnung, Energieverbrauch und Solidität, ein Muster perfekter Raumökonomie. In einer Wabe von 100 Gramm Gewicht können die Bienen bis zu vier Kilo Honig lagern. Johannes Kepler, Galileo Galilei und andere mathematische Geister waren von Bienenwaben fasziniert. Hat die Biene nicht nur eine Sprache, sondern auch einen mathematischen Verstand?

Das Wachs selber organisiert allerdings mit, fügt sich zur kristallartig exakten Struktur, wenn die Bienen es mit ihrer selbstregulierten Körpertemperatur auf 37 bis 40 Grad erwärmen und zum Fließen bringen.

Schon die antiken Autoren waren verblüfft von diesem Waben-Kunstwerk. Bei Aelianus, einem griechisch schreibenden Römer (um 170 bis 230 n. Chr.), finden sich diverse um die Bienenkünste kreisende Geschichten. In seinem Werk *Über die Eigenheiten der Tiere* beschwört er die Palastbauten der Perserkönige – deren Glanz verblasst angesichts der Wunderwerke der Bienen.

> Der ältere Kyros, heißt es, war sehr stolz auf sein Schloss in Persepolis, das er selbst erbaut hatte, und Dareios auf seine aufwendigen Bauwerke in Susa, denn in Susa hatte er Leistungen vollbracht, die in aller Munde waren. (…) Von solchen Dingen schwärmen die Historiker in höchsten Tönen. Aber über die Bauten der Bienen verlieren sie kein Wort, die doch mit viel mehr Verstand und Kunstsinn errichtet sind. Die Könige haben viele Menschen unglücklich gemacht mit ihren Unternehmungen, und doch war nichts von alledem so ansprechend wie das Werk der Bienen, nichts verständiger …

Das »Bienenlob« ist ein Genre, das viele dichterische Botschafter kennt. Der Wabenbau wurde weit über Antike und Mittelalter hinaus bewundert. Beim französischen Dichter Jean de La Fontaine (1621 bis 1695) gibt es die schöne Fabel *Die Hornissen und die Bienen*. Ihre Quelle war der römische Dichter Phädrus (um 40 n. Chr.), der wiederum Äsop, den Schöpfer der griechischen Tierfabel im 6. Jahrhundert v. Chr., zum Vorbild hatte. So reichten sich die Fabeldichter ihre kostbare Wabenfracht weiter.

La Fontaine nennt die Bienen übrigens *mouches à miel* (Honigfliegen). Die Hornissen streiten mit einer Bienenschar um ein paar herrenlose Honigwaben, rufen erst die Wespe als Schiedsrichter an, dann das Ameisenvolk. Aussage steht gegen Aussage. Den fleißigen Bienen wird der Konflikt zu lang, sie haben Besseres zu tun und rufen endlich: »Lasst uns auch den Gegner Waben bauen!« Da sehen die Hornissen alt aus. Sie können es natürlich nicht. Der Rechtsstreit ist sofort gelöst, als sich die Bienen ans Werk machen. »Der Honig wurde unverweilt / Den klugen Bienen zugeteilt.« Der Hochstapler entlarvt sich selbst, denn Wabenbauen will gelernt sein, oder durch einen treffsicheren Instinkt angeboren. Das Genie der Bienen lässt sich nicht mit leichter Hand kopieren. La Fontaines Devise lautet: »In seinem Werk stellt sich der Künstler dar.«

Bienenwachs war in der Antike auch für die Schreibkunst unabdingbar. Das Wachstäfelchen, in das man mit einem »Stylos«, einem Griffel, seine Schriftzeichen grub, begleitete den Schüler wie den Gelehrten, den Kaufmann wie den Politiker. Letzterer ließ sich das entzückende kleine Schreibutensil natürlich vom Sklaven hinterhertragen. Papyrus und Pergament waren für die Bücher bestimmt, im Alltag war das Wachstäfelchen schlechthin allgegenwärtig. Es war das Notizbuch der Antike, Übungsblatt, Ort für Entwürfe, Gedächtnisstütze. Der Laptop der Römer.

Pseudo-Einstein

Apropos Gedächtnisstütze. Ich fragte Mister Beekeeper am Obstgartenweg, ob er sich noch an die Katastrophenmeldungen des Frühjahrs 2007 erinnere. Das weltweite mysteriöse Bienensterben? Aber ja doch, ein schlimmes Jahr für die Imkergemeinschaft, sagte er, und: Keiner, der sich um das Bienenwesen kümmert, kam unbesorgt daran vorbei. Auch ich schlug damals wochenlang voller Befürchtungen die Zeitungen auf. Unter durchtrieben harmlosen Schlagzeilen – »Der letzte Ausflug« oder »Biene Maja summt nicht mehr« – überboten sich die Unglücksnachrichten. Einmal hieß es drastisch: »Aids im Bienenstock«. War alles nur eine mediale Erregung, eine der üblichen marktschreierischen Übertreibungen, dem täglichen Bedarf an Katastrophen geschuldet? Die Fakten sprachen klar. In den USA waren innert kürzester Zeit bis zu 80 Prozent der Bienenkolonien kollabiert. Billionen von Bienen. Experten der Pennsylvania State University rangen um eine Erklärung des hastig getauften Phänomens *Colony Collapse Disorder*, abgekürzt: CCD. Den Begriff *disorder*, der tiefgreifende Verwirrung signalisiert, verwenden Wissenschaftler selten und sehr ungern. Weil er meist nur eines bedeutet: Wir tappen im Dunkeln.

Das Phänomen war und ist mysteriös. Im verlassenen Bienenstock befindet sich noch die Brut in den Zellen, ausgiebige Honig- und Pollenvorräte, meist noch die Königin, doch alle erwachsenen Bienen sind dem Stock entflogen, spurlos verschwunden, weitab verendet, an einem unbekannten Ort. Um den Stock herum nicht einmal die toten Bienen …

Das Bild ist so verstörend, weil die Brutpflege für das Bienenvolk höchste Priorität hat. Und die Königin wird gehätschelt, genährt, geleckt, aber nicht verlassen. Zwar »entsorgen« sich kranke Bienen in blindem Gehorsam selbst. Bienen sind treue Diener des Gemeinwesens bis in den Tod. Wenn ihr Ende naht, fliegen sie weg. Ihr letzter Dienst entlastet das Volk von der Leiche und Krankheitskeimen. Aber dass sich ganze Bienenvölker ohne erkennbaren Grund in Luft auflösen, bedeutet Irrsinn. Mister Beekeeper schüttelte nachdenklich den Kopf.

Das große Verschwinden blieb nicht auf das ferne Amerika beschränkt. Aus vielen Ländern kamen besorgniserregende Meldungen. Es gelang nicht, einen bestimmten, einzigen Grund für das rätselhafte Zusammenbrechen der Bienenvölker zu finden. Gibt es eine Mehrzahl möglicher Ursachen, ist das Phänomen schwieriger zu bekämpfen. Da ist die Varroa-Milbe (Beiname »destructor«), die 1977 mit einer Ladung asiatischer Versuchsbienen nach Europa eingeschleppt wurde und sich seither über die ganze Welt verbreitet. Sie heftet sich im Stil eines Blutegels an die Biene und parasitiert hemmungslos. In den USA führte die Milbe in den achtziger Jahren schon einmal zu einem Massensterben und wird seither überall bekämpft. Spanische Forscher wiederum wollten einen einzelligen Parasiten, das pilzähnliche Sporentierchen *Nosema ceranae*, für den Bienenvolk-Kollaps verantwortlich machen. Von Faulbrut bis Varroa und Nosema: Die Zahl möglicher Krankheitserreger ist groß. Viren, Bakterien, Pilze, Parasiten. Und es gibt neuartige Erreger, das Flügeldeformationsvirus oder das erst 2004 entdeckte »Akute-Paralyse-Virus«, das bei befallenen Bienen zu Zittern führt, dann zu Lähmungserscheinungen, schließlich zum Tod weitab vom Stock.

Pestizide sind eine kapitale mögliche Ursache. Das Massensterben im April/Mai 2008 im Rheintal zwischen Lörrach und Rastatt – über fünfzehntausend Bienenvölker wurden vernichtet – war anscheinend nur auf den Einsatz von Clothianidin zurückzuführen. Es gehört zur Wirkstoffgruppe der Neonicotinoide, die auf das Nervensystem der Tiere wirken. Die neurotoxischen Insektizide mit den gespenstischen Namen (Imidacloprid, Thiametoxam, Clothianidin) vernichten neben Schädlingen auch nützliche Tiere. Die chemische Keule ist von echter Menschenart: ein vermeintlicher Triumph, dann weitreichende, desaströse Folgen.

Genetisch veränderten Nutzpflanzen wurde eine Teilschuld am Bienensterben zugeschrieben, und als neueste Ursache werden die schädlichen Strahlen genannt, die von Handys ausgehen, wirbelnder Elektrosmog, der die feinfühligen Bienen orientierungslos machen soll. Doch diese Erklärung bleibt umstritten, denn den Stadtbienen geht es ironischerweise heute besser als den Kolonien auf dem Land, wo die Pestizide wüten.

Ein Zusammenspiel mehrerer Belastungen gefährdet das Leben der Bienen, lässt immer öfter ihr Immunsystem zusammenbrechen, was in den Medien spektakulär als »Bienen-Aids« bezeichnet wird. Forscher haben die Formel »Varroa plus X« geprägt, um die Mehrfachbedrohung auf den Punkt zu bringen, ohne das obskure Element X spezifizieren zu müssen. Im Sommer des Jahres 2009 jedoch kam von der University of Illinois eine Studie, die das massive Bienensterben auf eine tiefgreifend gestörte Eiweißproduktion zurückführte. Die Ribosomen, die Eiweißfabriken der Zellen, seien durch Picorna-Viren beschädigt worden – die von der Varroa-Milbe übertragen werden. Zum Überleben aber braucht man Proteine, keine Bienen ohne Eiweißfabriken!

Die Erklärung wird aber nicht die letzte sein. Anfang Oktober 2010 verkündet die *New York Times* hochgemut, das Rätsel sei endlich gelöst. Der Held des Tages: Jerry Bromenshenk, ein Forscher, der lange Zeit für die amerikanische Armee mit Bienen experimentiert habe, um ihnen beizubringen, Explosivstoffe in Landminen aufzuspüren. Sein Team hat als zweifache Ursache des mysteriösen Bienensterbens ein Zusammenwirken eines Virus (aus der Familie der Iridoviridae) mit dem einzelligen Pilz *Nosema ceranae* festgemacht. Erstmals erfährt der verblüffte Leser, dass Bienen also auch noch als Spürhunde dressiert werden. Und dass das verhängnisvolle *Joint Venture* von Virus und Pilz an dem Massaker schuld sein soll. Das Rätsel mag gelöst sein, das Problem ist es noch lange nicht. Denn wie man den beiden Übeltätern praktisch beikommen will, ohne den Bienen zu schaden, muss erst noch erforscht werden.

Zum Cocktail schädigender Substanzen und Krankheitserreger kommen weitere Stressfaktoren, Nahrungsmangel oder einseitiges Nahrungsangebot. Riesige Monokulturen haben in der Landwirtschaft die kleinteiligen Anbauflächen aus Gründen der Rendite abgelöst. Sie sind öde Wüstengebiete für die sensiblen Bienen, die auf Vielfalt der Düfte und Farben und Blütezeiten eingestellt sind. Die schlauen Blumen wiederum haben in Jahrmillionen Farben und Düfte ausgebildet, mit denen sie die Bienen anlocken, denn vom Akt der Bestäubung hängt das Überleben ab. Auch die Luftverschmutzung zersetzt das Düfte-Paradies.

Das Massensterben der Bienen ist nicht einfach eine schicksalhafte Naturkatastrophe, sondern letztlich von profitgieriger Menschenhand mitverursacht. Eine bewegte Geschichte hat die Honigbiene in den USA hinter sich, seit sie im 17. Jahrhundert als »die Fliege des weißen Mannes« in einem vordem bienenlosen Land rasch Karriere machte. Sie war einer der wichtigsten Kulturimporte der Siedler, trug mit ihrem Bestäubungsimperium entscheidend zum wirtschaftlichen Erfolg der Neuen Welt bei. In der amerikanischen Verfassung mit ihrem verbriefen Glücksstreben (»the pursuit of happiness«) müsste sie eine ehrenvolle Erwähnung bekommen. Zumindest im Wappen des von Mormonen gegründeten Bundesstaates Utah hat sie sich verewigt. Dort steht der Bienenkorb als Symbol des Fleißes, Utah wird auch *The Beehive State* genannt, der Bienenkorb-Staat.

Mein freundlicher Gesprächspartner aus der Imkerkaste warf einmal plötzlich, als wir vom immensen Bienenkontinent Amerika sprachen, das Wort »Reisestress« ein. Wie bitte? Reisestress? Ich glaubte mich verhört zu haben. In den USA herrschen tatsächlich unter den Bienenvölkern seit Jahren Erschöpfung und Reisestress. Sie werden über weite Strecken und durch verschiedene Klimazonen von einer Obstplantage zur nächsten verfrachtet. Ab Februar kalifornische Mandelblüte, dann Apfel und Blaubeere im Norden, schließlich Zitronenbäume in Florida. Der pestizidbelastete Honig ist nur ein »Abfallprodukt« der gutbezahlten Bestäubung. Er wird verbrannt. Wird der Transport zu teuer, werden die Bienenstöcke »nach Gebrauch« vor Ort abgeschwefelt, die Bienen getötet. Der Verschleiß an Bestäubungsdienerinnen ist enorm.

Missbrauch der Bienen durch den Menschen ist ein altes, trauriges Faktum. Sei es im Krieg um die größte Rendite, sei es in einem militärischen Konflikt – die Bienen waren tatsächlich immer auch Kriegsopfer. Ich erinnere mich an eine Erzählung des wunderbaren russisch-jüdischen Autors Isaak Babel (1894 bis 1940). Er nahm 1920 als Korrespondent am polnisch-sowjetischen Krieg in Galizien und Wolhynien teil, ritt in General Budjonnyjs »Reiterarmee« mit und beobachtete misstrauisch dessen »rote Kosaken«, die vor keiner Schandtat zurückschreckten. In *Der Weg nach Brody* berichtet Babel voller

Schmerz vom Schicksal der Bienen wie vom Schicksal der Menschen:

> Ich trauere um die Bienen. Sie wurden von den kämpfenden Armeen vernichtet. In Wolhynien gibt es seither keine Bienenvölker mehr. Wir haben die Bienenstöcke geschändet. Wir haben sie mit Schwefel ausgeräuchert und mit Pulver gesprengt. Die qualmenden Reste verbreiteten Gestank in den geheiligten Republiken der Bienen. Sterbend stiegen die Bienen auf und summten kaum hörbar. Da wir kein Brot hatten, holten wir uns mit den Säbeln den Honig heraus. In Wolhynien gibt es keine Bienen mehr. Die Chronik der täglichen Untaten quält mich wie ein Herzleiden.

Ohne in den medialen Apokalypsenton zu verfallen: Die Honigbiene ist heute einer umgreifenden Verschlechterung ihrer Lebensbedingungen ausgesetzt, ihre Gesundheit ist vielenorts zerrüttet. Der Mensch ist zwar längst darauf verfallen, die Honigbiene züchterisch zu »optimieren«, resistenter zu machen gegen die Stressfaktoren, um sie zum Bestäubungssklaven von globaler Bedeutung abzurichten, doch der langfristige Erfolg ist zweifelhaft. Denn das Rätsel CCD bleibt. Als sei das Bienensterben schlicht ein massives Warnzeichen der Natur.

Ein Zitat geistert durch das Internet. Es wird beharrlich Albert Einstein zugeschrieben, doch laut Auskunft des israelischen Einstein-Instituts stammt es mit Sicherheit nicht von ihm. Es ist eine düstere Prophezeiung, was der Menschheit blühen könnte: »Wenn die Biene einmal von der Erde verschwindet, hat der Mensch nur noch vier Jahre zu leben. Keine Bienen mehr, keine Bestäubung mehr, keine Pflanzen mehr, keine Tiere mehr, kein

Mensch mehr.« Nur vier Jahre? Das ist beängstigend, aber biologisch zweifelhaft.

Mir kam das melancholische Gedicht *Thema und Variation* von Ingeborg Bachmann in den Sinn (aus dem Band *Die gestundete Zeit* von 1953), das um Abschied und Verlust und das Verschwinden des Menschen kreist (»Den letzten Menschen traf / ein Stachel ohne Schmerz«) und die Variationen wie eine magische Beschwörung, wie einen Bannzauber hervorbringt:

> In diesem Sommer blieb der Honig aus.
> Die Königinnen zogen Schwärme fort,
> der Erdbeerschlag war über Tag verdorrt,
> die Beerensammler kehrten früh nach Haus.

Wer ist schlimmer, die permanenten Apokalyptiker, die sich auf Pseudo-Einstein stürzen wie auf Manna, oder die ewigen Verharmloser, die cool darauf hinweisen, der Wind und Millionen anderer Insekten seien ebenfalls im Bestäubungsgeschäft tätig? Die Honigbiene ist und bleibt Hauptagentin, die wichtigste Pollenüberträgerin. Weltweit werden 80 Prozent aller Blütenpflanzen von Insekten bestäubt, und von diesen wiederum etwa 85 Prozent von Honigbienen. Bei Obstbäumen sind es sogar 90 Prozent. Früchte, Gemüse, Beeren, Ölgewächse, auch Kaffee, Kakao, Gewürze, Schalenfrüchte, Nüsse usw. sind von bestäubenden Insekten abhängig: rund 35 Prozent der landwirtschaftlichen Produktion weltweit. Getreide, das 60 Prozent ausmacht, ist allerdings unabhängig von den Insekten. Doch der Mensch lebt nicht vom Brot allein …

Dass der Ausfall der Bestäuberinnen wirtschaftlich fatale Einbrüche bringen kann, liegt auf der Hand. Lachhaft ist unsere statistische Marotte, alles und jedes in Dollar- oder Euro-Milliarden auszudrücken, um überhaupt zu verstehen, was passiert. Eine französisch-deutsche Studie ergab im September 2008, dass die Wirtschaftsmacht der Bienen weltweit ein »Konzernvolumen« von mindestens 153 Milliarden Euro pro Jahr ausmacht. Wenn die Bienchen es auch noch verstünden, Rechnung zu stellen … Die Zeitschrift *Ecological Economics* beziffert den möglichen finanziellen Verlust bei Ausfall der Biene noch drastischer, auf 190 bis 310 Milliarden Euro pro Jahr. Da soll sich einer über die kleinen Tiere lustig machen … Das Verschwinden der nützlichen Insekten würde das Nahrungsmittelgleichgewicht weltweit tiefgreifend verändern, lässt das französische Institut für landwirtschaftliche Forschung INRA verlauten.

Aber es gibt ja bereits durch Menschenhand bienenlose Gebiete auf der Welt, etwa in der südwestchinesischen Provinz Sichuan. Durch unkontrollierten Pestizideinsatz in den achtziger Jahren wurden dort alle Bienen vernichtet. Jetzt steigen in jedem Frühjahr Zehntausende von Bauern in ihre Fruchtbäume, um die Blüten zu bestäuben. Eine immense Arbeit, lange nicht so effizient wie jene eines einzigen Bienenvolkes, das an einem einzigen Tag drei Millionen Blüten bestäuben kann. Die guten Menschen von Sichuan, Bauern, Frauen und Kinder, sammeln zunächst Blütenstaub, den sie mit feinen Pinseln von den Staubbeuteln streichen, dann zieht die ganze Familie mit selbstverfertigten Bestäubungsstäben samt Flaumfedern an deren Spitze los, um auf Leitern zu klettern und umständlich die Bienen zu imitieren. Ein groteskes Bild. Und keine wirklich ökonomische Lösung. Selbst bei Niedriglöhnen würde die Handbestäubung in den USA schätzungsweise 90 Milliarden Dollar kosten.

Es ist ein ständiges Geben und Nehmen: Die Biene braucht das Pollen-Eiweiß und den Nektar zur Honiggewinnung und Brutpflege, die Pflanze braucht den Transport von Pollen zur Blütennarbe zu ihrer Befruchtung. Die perfekte Partnerschaft von Biene und Blüte existiert seit 100 Millionen Jahren, in denen die Insekten unermüdlich Blüte um Blüte bestäubten. Die ältesten Exemplare sind als Bernsteinfossilien erhalten. Keine Naturkatastrophe konnte der Biene langfristig etwas anhaben. Sie schien unverwüstlich, ein Sinnbild ewigen Lebens und Befruchtens. Und jetzt soll die Bienenapokalypse stattfinden? Die Bienen als Virtuosinnen des Verschwindens? So weit sind wir noch nicht. Wenn die Biene einmal ausstirbt, wird uns die Welt bereits abhanden gekommen sein. Dabei haben die Bienen in den Mythen diverser Völker geholfen, die Welt überhaupt erst zu erschaffen. Sie waren die kleinen Helferinnen der Schöpfung.

Iss das honigsüße Buch!

Die vielen Künste und Gaben der Biene waren den Menschen sehr früh Anlass zu tiefer Verwunderung. Es lag nahe, einen göttlichen Ursprung der Honigbiene zu vermuten. Die alten Ägypter hatten guten Grund, sie zu verehren. Sie stand mit der Sonne, dem vergöttlichten Licht, in Verbindung. Ägyptische Kulttexte verraten eine Grundangst: dass die Sonne nicht mehr am Himmel aufgehen könnte. Viele Schriften beginnen mit der Schilderung einer kosmischen Katastrophe, eines alles umfassenden, sonnenlosen Chaos.

So auch der *Papyrus Salt 825*. Die Götter bedecken ihr Haupt mit den Händen, die Erde ist verwüstet, die Sonne geht nicht auf, die ganze Welt stöhnt und weint. Doch es gibt einen Ausweg aus der Krise, eine Rettung durch die Rituale. Sie inszenieren die Heilung, die Wiederherstellung des Gleichgewichtes der Welt. Die Mächte der Vernichtung müssen gestoppt werden – durch das Priesterwort. Faszinierend, wie die Ägypter an die Beschwörungskraft von Sprache glaubten, die schlechthin alles kann: loben und erheben, niederstrecken und bannen, zerstören und erschaffen. Keine andere Religion beruht so sehr auf der magischen Strahlkraft des Wortes.

Das Urtrauma der ägyptischen Religion ist der Tod des Osiris, der von seinem gewalttätigen Bruder Seth ermordet und zerstückelt wurde. Die Göttin Isis sammelt die weithin verstreuten Leichenteile auf und vereint sie zum erneut zeugungsfähigen Körper. Sie lässt das Leben siegen, zeugt mit Osiris das Horus-Kind. Das Ziel des Rituals in *Papyrus Salt 825* ist »die Bewahrung des Lebens«. Die Götter weinen über den Tod des Osiris. Aus ihren Tränen, aber auch aus ihren anderen Körperflüssigkeiten, aus Blut, Schweiß und Speichel, die zur Erde rinnen, entstehen die Balsamierungsmaterialien, mit denen der tote Gott mumifiziert werden kann. Aus dem schlimmen Trauma des abrupten Lebensendes schufen die Ägypter raffinierte Strategien, den Tod zu überwinden.

Als der Sonnengott Re zum zweiten Mal weint, entstehen die Bienen aus seinen Tränen. Sie werden sofort aktiv in allen Blüten, bringen Wachs hervor und produzieren Honig: »Re weinte erneut. Das Wasser seines Auges fiel zur Erde nieder. Es verwandelte sich zur Biene. Als die Biene erschaffen war, begann ihr Flügelschlagen in allen Blüten der Bäume. So brachte sie das Wachs hervor, und der Honig entstand aus dem Augenwasser.«

Die Biene steuerte die zur Mumifizierung benötigten

Materialien Wachs und Honig bei. Mit Bienenwachs wurden Mund, Ohren, Augen, Nase und die Einschnittstellen des Leichnams bestrichen. Honig war durch seine antibakteriellen, Pilze abtötenden Eigenschaften als Desinfektionsmittel unabdingbar. Es sind zwei Substanzen, die den Verwesungsprozess aufhalten, die Intaktheit des toten Körpers garantieren.

Herodot von Halikarnassos (480 bis 424 v. Chr.), der griechische Geschichtsschreiber und Geograph, der »Erzähler zahlloser Geschichten«, wie Cicero ihn nannte, berichtet, dass Babylonier und Assyrer die Leichname ihrer Würdenträger in Honig einbalsamierten. Und von Alexander dem Großen heißt es, er habe auf dem Totenbett angeordnet, in Honig bestattet zu werden. Die Hoffnung auf Bewahrung der sterblichen Hülle war vielenorts an Honig und Wachs geknüpft.

Vermutlich verdankten die Ägypter der Honigbiene sogar die Idee der Mumifizierung! Dringt eine Maus in den Bienenstock ein und wird dort von furiosen Wächterbienen totgestochen, vermögen die kleinen Tiere den großen Leichnam natürlich nicht aus dem Stock zu schaffen. Um der Infektion durch den verwesenden Eindringling vorzubeugen, umgeben sie ihn komplett mit Propolis-Kittharz, schließen ihn luftdicht ab. Der Fremdkörper kann liegen bleiben, ohne eine Bedrohung durch Keime darzustellen. Schlaue Honigbienen haben die Mumifizierung als Erste praktiziert. Die Priester brauchten sich nur noch das Rezept zu notieren.

Die enge Beziehung der Biene zum Sonnengott Re ergibt sich auch durch ihre Bestäubungstätigkeit, die Befruchtung der Blumen. Sie trug dazu bei, die Welterschaffung zu vervollständigen. Die Bienen waren die kleinen Helferinnen des Weltschöpfers. Kein Wunder, war der

Honig im Alten Reich (2640 bis 2155 v. Chr.) zunächst das exklusive Privileg der Götter und Pharaonen. Die Tempel verfügten über eine ganze Mannschaft von Imkern, die den für die Rituale benötigten Honig zu liefern hatten. Es gab einen »Aufseher der Imker« und auch »Bienenpriester«, die für die entsprechenden Opferhandlungen verantwortlich waren. Die älteste Darstellung stammt aus der »Kammer der Jahreszeiten« im Sonnentempel des Pharao Ne-user-Re (5. Dynastie, 2465 bis 2325 v. Chr.) in Abu Gurab. Tempeldiener füllen eifrig Honig in große Krüge.

Honig wird den Göttern zum Genuss gereicht, bei jeder Opfergabe war er präsent. Im *Papyrus Berlin 3055* steht zu lesen: »O Amun-Re, Herr der Throne der Beiden Länder. Nimm Honig zu dir, das süße Horus-Auge, Wasser aus dem Auge des Re …« Honig ist ein magischer Wirkstoff, ein Element der Zaubersprüche, die beschützen sollten vor Wiedergängern, Dämonen, Mächten der Finsternis. Honigkuchen und Honigtöpfe wurden dem verstorbenen Pharao ins Grab mitgegeben für die »Nachtfahrt« des »Verklärten«, bei der er nichts Wesentliches missen durfte, erst recht nicht den süßen Honig, die aus Sonnenlicht und Blumen entstandene Vorzugsnahrung. Blumenspeise, duftend, süß und nährend, von der Sonne höchstpersönlich gespendet – welcher Nachtfahrer fühlte sich damit nicht als seliger »Wohlversorgter«?

Die Stimmen der Seelen in der Unterwelt assoziierten die alten Ägypter mit dem Summen der Bienen, die damit gleichsam auch zu fliegenden summenden Seelen werden. Im Unterweltsbuch *Amduat*, das der Nachtfahrt der Sonne gewidmet war und in den Königsgräbern des Neuen Reiches auf die Wände gemalt wurde, erscheint im achten der zwölf Stundenabschnitte die entscheidende

Stelle: »Der Gott (Re) ruft ihren Seelen zu, nachdem er eingetreten ist in diese Stätte der Götter auf ihrem Sand. Ein Geräusch kommt aus dieser Höhle wie ein großes Summen von Bienen, wenn ihre Seelen dem Re zurufen.« Die Unterweltlichen begrüßen also den vorbeifahrenden Sonnengott – und ihre Stimmen sind wie Bienensummen.

Schon in den Pyramidentexten des Alten Reiches ist die Biene aktiv. Unter König Unas, dem letzten Pharao der 5. Dynastie, der um 2350 v. Chr. regierte, kam man auf den Gedanken, die unterirdischen Kammern seiner Pyramide mit Texten zu beschriften, die als »Sprüche« rezitiert werden wollten. In den Sprüchen 429–435 wird die Biene mit Nut, der Himmelsgöttin, assoziiert, und ihre Gefährlichkeit betont. Die Biene erscheint als Tochter im Schoß der Göttin Nut. Geb, der Erdgott, spricht zu seiner Gemahlin Nut, bezeichnet sie als Biene, die bereits im Mutterleib Macht ausübte.

Wehrhaftigkeit (durch den immerzu bereiten Stachel) und Macht waren Attribute der ägyptischen Biene. Das Oberhaupt des Bienenstaates galt nämlich jahrtausendelang, in der Antike und das ganze Mittelalter hindurch, als Bienen*könig*. Also auch als Pharao. Als Hieroglyphe war die Biene bei den alten Ägyptern ein Herrschaftssymbol. Das Wort *bjt* für »Biene« bezeichnete den König von Unterägypten mit seiner roten Krone, er war der »Bienenkönig«, während die Binse den König von Oberägypten mit weißer Krone symbolisierte. In Zeiten umfassender Machtentfaltung trug der gottgleiche Pharao beide Kronen, verband in sich die Herrschaft über Ober- und Unterägypten. Er war »jener, der Binse und Biene angehörte«.

Von Binse und Biene zur Bibel. *Deborah* lautet der Name einer der wichtigsten Frauengestalten in der patriarchaischen Welt des Alten Testaments. Sie taucht im *Buch der Richter* (Kap. 4-5) auf, ist Richterin, die einzige Frau, die dieses Amt ausübt. Und sie ist mutige Retterin, stolze Prophetin. Ihr hebräischer Name bedeutet – nicht zufällig – »Biene«. Doch in *Deborah* klingt auch die Wortwurzel *dbr* für »sprechen« und »Wort« an. Sie ist also gleichsam die »sprechende Biene« oder »kündende Biene«. Sie war Lapidoths Frau und errettete ihr Volk von dem zwanzigjährigen Joch des Kanaaniterkönigs Jabin, führte die Israeliten zum Sieg über den Unterdrücker. Sie übermittelt Barak den Auftrag Gottes, gegen Jabin in den Kampf zu ziehen. Barak nimmt den Auftrag nur unter der Bedingung an, dass Deborah ihn begleitet. Sie tut es natürlich, sie will ja ihr Volk retten, und ermöglicht einen grandiosen Sieg. Die Idee der bienenhaften Wehrhaftigkeit verbindet sich also mit der Wahrhaftigkeit, der Gabe der Wahrsagung, des Sprechens, der Prophetie. Der Erfolg Deborahs als eine der »Guten Heldinnen« des christlichen Mittelalters wie der modernen feministisch orientierten Theologie war ihr sicher. Und Georg Friedrich Händels Oratorium *Debora* (1733) jubelt mächtig über die mutige Frau und kündende Biene.

Die Bibel wollte sonst wenig von den Bienen wissen, aber der Honig war ihr überaus kostbar. In den *Sprüchen Salomos* (24, 13-14) lautet der Imperativ doppelt: »Iss Honig, mein Sohn« und »Lerne Weisheit für deine Seele«. Eine nicht ungefährliche Genussdroge. Jonathan, der Sohn des Saul, übertritt während des Kampfes gegen die Philister das Essverbot seines Vaters und riskiert, sein Leben für eine Honigschleckerei zu opfern. Im 1. *Buch Samuel* steht geschrieben: »Und er streckte das Ende seines Stabes aus, den er in seiner Hand hatte, und tunkete in den Honigwaben und wandte seine Hand zu seinem

Munde, da wurden seine Augen munter.« Er gesteht es seinem Vater, der zornig ausruft: »Du musst des Todes sterben«, doch das Volk setzt sich für die Verschonung Jonathans ein.

Mag der Honig hier für ein begehrtes Genussmittel stehen, das Jonathan »muntere Augen« verleiht. In den *Psalmen* ist er ein Vergleichsmaß für die göttliche Wahrheit: »Die Urteile des Herrn sind wahr, gerecht sind sie alle. (...) Sie sind süßer als Honig«. Und wo wird die Süße des Herrn bei den Hebräern aufgespeichert? Natürlich im Buch der Bücher. Eins der biblischen Motive ist ebenso befremdlich wie faszinierend: das »Verschlingen« eines Buches voller Wahrheit und Süße. Eine heilige Schrift musste im Wortsinn gegessen und verdaut werden, damit sie ihre Wirkung entfalten konnte. Ein Prophet musste erst verschlingen, was er zu verkünden hatte.

Der Prophet Ezechiel berichtet von seiner Berufung. Ein Abglanz der Herrlichkeit Jahwes umgibt ihn plötzlich, und er wirft sich zu Boden. Gott spricht darauf einen seltsamen Befehl: »Du Menschensohn, iss, was vor dir ist; iss diese Buchrolle und gehe hin, und rede zu dem Hause Israels ... Da tat ich meinen Mund auf, und er gab mir diese Rolle zu essen ... Da aß ich; und es war in meinem Munde so süß wie Honig.« Die Verwandlung von Schrift in Honig – was für eine prächtige Metapher! Bittere Wahrheit, die bei der Anverwandlung süß wie Honig wird. Nicht nur im Alten Testament, noch in der *Offenbarung* des Johannes ist das verblüffende Bild wirksam:

Und ich ging zu dem Engel und sprach zu ihm: Gib mir das Büchlein! Und er spricht zu mir: Nimm und verschlinge es; und es wird deinen Bauch verbittern, aber in deinem Munde wird es süß sein wie Honig.

Und ich nahm das Büchlein aus der Hand des Engels und verschlang es; und es war in meinem Munde wie Honig so süß …

Allerdings gibt es eine gewisse Ambivalenz des Honigs bei den Juden, der als Opfergabe verboten war, weil die Biene aufgrund einer Stelle im *Buch der Richter* als unrein galt. Es ist die Geschichte von Samson, der mit bloßen Händen einen Löwen erlegt und später zum Tierkadaver zurückkehrt. Er findet in dessen Maul einen Bienenschwarm und Honigwaben und isst davon, bringt auch seinen Eltern einen Teil, ohne ihnen jedoch zu verraten, dass der Honig aus dem Aas stammt. Die rituelle Unreinheit beruhte jedoch auf einem Missverständnis. Denn die geruchsempfindliche Honigbiene vermeidet Aas unbedingt. Sie ist ein ausgesprochen reinliches Tier. Der Bienenstock wird von Leichen wie von Unrat freigehalten. Die strengen Stockbienen haben dafür zu sorgen.

Im Islam ist die Biene ein Zeichen für das göttliche Wirken Allahs. In der 16. Sure des Koran, die den Titel *Die Bienen* trägt, lehrt der »Ewige und Allbarmherzige« die Biene, »Häuser zu bauen« und zu allen Blüten und Früchten zu fliegen. Das Ergebnis ist sehr erwünscht: »Aus ihren Leibern kommt ein süßer Trank, der ein Heilmittel ist für die Menschen. Wahrhaftig, darin liegt ein Zeichen für jene, die nachdenken.«

Die Biene hat eine ägyptische Seele, ihr Honig ist das biblische Maß der Süße göttlicher Wahrheit und im Koran eine gepriesene Wohltat Allahs. Sie kümmert sich wenig um die feinen Unterschiede der Weltreligionen. Aber ihr Honig ist in allen heiligen Schriften unersetzbar. Man braucht die Bücher nicht gleich aufzuessen. Seien wir bescheidener, Mister Beekeeper: Lesen genügt vollauf.

Götterspeise und Goldenes Zeitalter

Endlich hatte ich es geschafft, meinen freundlich-nüchternen Bienenpraktiker zu verblüffen. Er hatte mir viele Details aus dem komplexen Reich des Bienenstocks verraten. Nun konnte ich mich in der Abendsonne am Obstgartenweg mit anderen Honiggaben revanchieren. Wer hätte hinter dem schlichten Hautflügler *Apis mellifera* die Schöpfungsmythen der Antike und die göttliche Wahrheit der Bibel vermuten können? Aber es kommt noch bunter, Mister Beekeeper. In der Mythologie der griechisch-römischen Antike nämlich hatte die Honigbiene eine so reiche Karriere wie nirgendwo.

Die Bienen seien auf Kreta entstanden, weiß der Arzt und Dichter Nikandros von Kolophon (197 bis 130 v. Chr.) zu berichten. Viele Bienenmythen kreisen tatsächlich um diese Insel im Mittelmeer, die ein Ur-Raum der abendländischen Kultur war und als besonders bienenreich galt. Schon die frühe Hochkultur der Minoer (2000 bis 1450 v. Chr.) kannte die Verehrung der Biene. Das Meisterstück der minoischen Goldschmiedekunst ist das um 1700 v. Chr. entstandene, in der Nekropole von Kryssolakkos gefundene goldene Amulett von Mallia: zwei Bienen, symetrisch angeordnet, die einen Tropfen Honig in eine Wabe füllen, kleine Medaillons an ihren Flügeln und an der Stelle, wo sie mit dem Hinterleib zusammentreffen. Bienen, Honig, Gold – die kostbaren Dinge zum Halsschmuck vereint. Ich weiß noch, wie ich vor zwanzig Jahren im Museum von Heraklion völlig gebannt davorstand, als ich noch nicht wusste, was die Bienen mit mir anstellen würden.

Was hat der Göttervater Zeus als Kleinkind zuerst gegessen und getrunken? Milch und Honig. Und wo? Auf

Kreta. Zeus war der jüngste Sohn des Kronos und der Rheia. Kronos, der Titan, der seinen Vater Uranos gestürzt und sich rabiat der Herrschaft bemächtigt hatte, fürchtete sich seinerseits vor einem allzu starken Sohn. So verschlang er alle seine Kinder – bis auf das jüngste. Den kleinen Zeus nämlich versteckte seine Mutter Rheia nach der Geburt in einer Grotte des Diktegebirges auf Kreta. Anstelle des Säuglings reichte sie Kronos einen in Windeln eingewickelten Stein, den der fresswütige Vater verschlang. Rheias Diener, die Kureten, mussten vor der Grotte Pauken und Zimbelbecken schlagen, um das Weinen des Säuglings zu übertönen. Mythischer Radau zum Schutz des werdenden Göttervaters …

Im Innern der Höhle geschah nicht weniger Erstaunliches. Laut Diodor von Sizilien (1. Jh. v. Chr.) waren es Nymphen, die den kleinen Gott ernährten, indem sie ihm Ziegenmilch und Bienenhonig gaben. Anderen Quellen zufolge waren es die Ziege Amaltheia und ihre geflügelte Schwester Melissa, eine Honigbiene, die die Rolle der Ernährerinnen direkt übernahmen. Lucius Columella (1. Jh. n. Chr.), der Verfasser eines wichtigen Werkes über die Landwirtschaft, dessen neuntes Buch der Imkerei gewidmet ist, glaubt zu wissen, Melissa sei eine »wunderschöne Frau« (mulier pulcherrima) gewesen, die Zeus in eine Biene verwandelt habe.

Vergil schreibt in seinem Lehrgedicht *Vom Landbau*, dass der Göttervater Zeus aus Dankbarkeit für die Honigspeisung die Bienen später an der göttlichen Weltordnung habe teilhaben lassen: »Ein Funke des göttlichen Geistes und Hauch des Äthers wohnt in ihnen.« Die Honigbienen waren also von mythischen Ursprüngen an mit Geburt und Lebensprinzip – sogar auf höchstem, göttlichem Niveau – aufs engste verbündet. Zur weiteren Belohnung verlieh Zeus den Bienen auch ihre »goldene« Farbe, assoziierte sie farblich mit dem Edelmetall der Göttlichkeit.

Milch und Honig waren die früheste Götterspeise, bei den Griechen mythisch verklärt zu »Ambrosia« und »Nektar«. Allerdings soll der göttliche Nektar »neunmal süßer als Honig« gewesen sein. Nicht nur bei Indern, Ägyptern und Griechen, auch bei den Germanen hatte der Honig diese exklusive göttliche Aura: Göttervater Odin verdankte ihm seine Unsterblichkeit, Kraft und Weisheit. Der legendäre »Met«, aus vergorenem Honig und Würzstoffen hergestellt, war ein Rauschgetränk, das um Jahrtausende älter ist als Wein und Bier. Er war das Kultgetränk im alten Indien und bei vielen Völkern. Und natürlich bei den Germanen. Er hatte jedoch bei Göttervater Odin noch eine besondere Zutat. Dem Gebräu war das Blut des Zwerges *Kwâsir* (»schäumende Gärung«) beigemischt, der weise und allwissend war. Kein Festmahl der Germanen war denkbar ohne Met, keine Totenfeier, bei der der Verstorbene nicht mit Honigwein nach Walhalla verabschiedet wurde.

Jede Paradiesvorstellung, ob Goldenes Zeitalter, Schlaraffenland oder das Gelobte Land der Juden, bezog sich auf ein »Land, wo Milch und Honig fließen«. Immer war das eine Kombination, die Glück und Fülle versinnbildlichte, in Orient wie Okzident. Vergils Dichterkollege Ovid (43 v. Chr. bis 18 n. Chr.) berichtet in seinen *Metamorphosen* vom Goldenen Zeitalter: »Ströme von Milch nun wallten daher und Ströme von Nektar, / Und gelb tropfte herab von der grünenden Eiche der Honig.« Für die Römer war der Honig ein Geschenk des Liber (alias Bacchus): des Gottes der Vegetation, der Weinrebe, des Rausches.

Im antiken Griechenland war Honig unabdingbares Ritualzubehör, das eng mit gewissen Götterkulten verbunden war. Die Bienen waren die heiligen Tiere der Göttin Demeter und ihrer Tochter Persephone, die Opfer eines mythischen Entführungsdramas wurde. Der Unterweltgott Hades holte sie sich von einer Spielwiese weg, um sie zu seiner Gattin zu machen. Die für das Wachstum des Getreides zuständige Demeter aber irrte trauernd umher auf der Suche nach ihrer Tochter, ließ keine Saaten mehr wachsen und zog sich in ihrer Verzweiflung ganz von der Welt zurück. Da musste dringend ein Pakt mit dem Unterweltgott geschlossen werden. Durch Vermittlung des Göttervaters Zeus kam ein Vertrag zustande, laut welchem Persephone ein Drittel des Jahres in der Unterwelt an Hades' Seite, die übrige Zeit »oberhalb« der Erde und bei den Göttern im Olymp verbringen sollte.

Mit dem Mythos von Raub und Rückkehr der Persephone wurde der Wechsel des Blühens und Absterbens in der Natur erklärt. Persephone – eine Grenzgängerin zwischen Ober- und Unterwelt. Eleusis in Attika war ihre wichtigste, mit ihrer Mutter Demeter geteilte Kultstätte. Die dortigen Priesterinnen hießen, eingedenk der »Jungfräulichkeit« und »Reinheit« der Arbeitsbienen, *Melissai* (Bienen). Denselben Titel trugen auch die Dienerinnen der jungfräulichen Göttin Artemis. Auf dem Gewand der berühmten Statue der Artemis von Ephesos mit ihrer Vielzahl von vermeintlichen »Brüsten« – in Wahrheit sind es Stierhoden als Fruchtbarkeitssymbol – drängen sich die Bienen. Artemis war mit einer archaischen einheimischen Fruchtbarkeitsgottheit verschmolzen.

Überhaupt war die ionische Stadt Ephesos (heute bei der Stadt Selçuk in der Türkei) vom göttlichen Nimbus der Honigbiene geprägt. Das Tier erscheint im Stadtwappen und auf vielen Münzprägungen, erinnerte daran, dass sich die Stadt unter dem Schutz der Göttin Artemis befand. Aber auch eine andere Erinnerung lebte darin weiter. Ein Bienenschwarm soll den Schiffen der Athener vorangeschwebt sein, als sie zur Besiedelung Ioniens, zu ihrer neuen Heimat Ephesos unterwegs waren. Die Biene galt auch als wundersame, wissende Führerin der Emigranten.

Die Beziehung der Biene zur Urmutter, zu den Erd- und Fruchtbarkeitsgöttinnen, war für die Griechen unumstößlich. Die aus Kleinasien stammende Kybele – die Große Mutter –, die bei den Griechen mit Rheia assimiliert wurde, ließ laut Mythos das Lebendige aus ihrem Schoß hervorgehen, um es nach dem Tod wieder aufzunehmen. Auch zum Kult der Erd- und Muttergottheiten gehörten Opfergaben, die vom Honig gekrönt waren.

Den Toten wurden Gefäße mit Honig ins Grab gelegt, als Nahrung in der Unterwelt, zu deren »Versüßung«, aber auch zur Bannung dämonischer Jenseitsmächte. Wie sollte der Tote denn sonst den Höllenhund Zerberus besänftigen? Man gab ihm dazu Honigkuchen mit. In einer griechischen Erzählung jedoch bedeutete der Honig selber – Tod. Glaukos, der Sohn des kretischen Königs Minos, fällt als Kind beim Ballspiel in ein Honigfass und ertrinkt. Der Seher Polyeidos wird von Minos aufgefordert, seinen Sohn ins Leben zurückzubringen. Als der weise Mann einwendet, das sei keinem Sterblichen möglich, lässt ihn Minos im Zorn mit seinem toten Sohn in ein Grab sperren. Unter dem Stein gleitet eine Schlange hervor und nähert sich dem Körper des Jungen. Sie wird von Polyeidos mit dem Schwert getötet, doch dann kommt eine zweite Schlange, berührt die erste mit einem Kraut und erweckt sie so wieder zum Leben. Polyeidos nimmt das Wunderkraut, berührt damit den toten Glaukos, erweckt ihn vom Tod und bringt ihn zu seinen Eltern zurück. Minos überhäuft ihn mit Geschenken.

Der Tod im mütterlich nährenden Honig: Bitterkeit in der konzentrierten Süße. Der Lebensretter, den der Honig für das Kleinkind Zeus bedeutete, wird zur erstickenden Masse für den unglücklichen Glaukos. Ertrinken im Honig: Ein stiller Beleg dafür, dass Biene und Honig durchaus ambivalent aufgefasst werden konnten, als Lebensspender und Todbringer.

Der Imker Vergil oder das Rätsel der Bugonie

Hauptquellen für das Wissen über die Bienen in der Antike waren zwei tierkundliche Werke des Aristoteles (384 bis 322 v. Chr.) und die Bücher über die Landwirtschaft des Marcus Terentius Varro (116 bis 27 v. Chr.), der ein Freund Ciceros war und als der »gelehrteste aller Römer« galt. Doch das berühmteste, weit über die Antike hinaus folgenreichste Werk zum Bienenwesen schrieb der römische Dichter Vergil (70 bis 19 v. Chr.). Es ist das vierte Buch seiner *Georgica* (»Vom Landbau«). Vergils Vater besaß bei Mantua ein Bauerngut, war nebenbei Töpfer und passionierter Imker. Schon als Knabe wurde Vergil mit der Bienenzucht vertraut. Die Natur und das idyllische Hirten- und Landleben sind sein erstes literarisches Thema in den um 40 bis 35 v. Chr. entstandenen *Bucolica*. Vergils erste Helden sind Hirten. Die säuselnde Hintergrundmusik ihrer Gespräche: Bienensummen. Das gelassene Landleben wird bei Vergil zum »richtigen« Leben verklärt, zum heilsamen Gegenpol der städtischen Betriebsamkeit. Er entwarf ein Alternativprogramm der Besinnung und Entschleunigung. Und schuf eine regelrechte Aussteigerbibel. Erst einmal interessierte ihn nur die süße »kleine Poesie«, nichts staatstragend Politisches.

Vergil wurde mit einem Schlag berühmt und fand Zugang zum Kreis des Kunstförderers Maecenas, der ihn zu seinem Lehrgedicht *Georgica* anregte. Es besang Ackerbau, Weingärten, Obst- und Ölbäume, Viehzucht, Blumen und Bienen. Im Jahr 29 v. Chr. war es vollendet und galt dem kultivierten Leser nicht zuletzt als ein Werk mit summenden politischen Hintergedanken. Denn die Machtkämpfe nach der Ermordung Julius Cäsars im Jahr 44 v. Chr. hatten das römische Leben moralisch verstümmelt. Cäsars Adoptivsohn Octavian (der spätere Kaiser Augustus) besiegte in verlustreichen Kämpfen alle seine Rivalen und schließlich auch Marcus Antonius, der mit der – laut Propaganda – »ägyptischen Hexe« Kleopatra verbandelt war. Der Sieg in der Entscheidungsschlacht bei Actium im Jahr 31 v. Chr. machte ihn endlich zum Alleinherrscher. Nach langen Jahren des Bürgerkrieges war sein Ziel nun Versöhnung und eine umfassende Erneuerung. Friede, Ordnung und Gerechtigkeit sollten ab sofort das Leben im Römischen Reich bestimmen.

Vergils Lehrgedicht vom Landbau schloss sich gläubig dem Programm des Kaisers an, der Dichter wurde zum glühenden Verehrer Octavians. Am Ende des ersten Buches der *Georgica* zeichnet er zunächst drastisch die Zerrüttung der römischen Welt, die verödeten Felder, die verstörenden Wunden des Bürgerkriegs. Dann skizziert er einen Ausweg aus dem Elend, propagiert zur allumfassenden moralischen Gesundung die Werte des Bauerntums, lobt Frömmigkeit und den Segen der Arbeit. Vorbild war die heilige Ordnung der Natur und – die »göttliche Ordnung« des Bienenstaates. Die Bienen waren für Vergil die letzten Erben des ursprünglichen »Goldenen Zeitalters«. Die bürgerkriegsgeplagten Menschen aber waren längst in einer »eisernen« Epoche angekommen.

»Nun besinge ich die Himmelsgabe des aus der Luft tauenden Honigs« – so beginnt das vierte Buch. Er enthüllt darin die ideale Monarchie, preist die Arbeitsteilung zum »Wohl aller Bürger«, die Unterwerfung unter den Einen, den König. Vieles am Bienenwesen war für Vergil noch immer ein Rätsel. Da er von einem König an der Spitze des Bienenstaates ausgeht (erst das 17. Jahrhundert wird das weibliche Geschlecht des »Weisels« enthüllen!), hält er das natürliche Schwärmen der Bienen im Frühjahr für kriegerische Kampagnen. Oder war sein Denken noch immer von den römischen Bürgerkriegen hypnotisiert? Dass das zentrale Geschehen im Bienenstaat Brutpflege bedeutete und nicht ohne vorgängigen rasenden Sex zwischen Königin und Drohnen auskam, verkannte er völlig. Für ihn ist das Bienenleben frei vom »Furor des Triebes«, von der »grausamen Liebe« (durus amor), also geschlechtslos – und gewiss kein Dienst an der Göttin Venus: »Wundersam – sie begatten sich nicht und lösen die Körper nicht im Dienst der Venus in Ermattung, gebären auch keine Kinder in Wehen, sondern lesen die Kleinen, die von Laub und lieblichen Kräutern geboren sind, mit dem Mund auf ...«

Statt Begattung nur Blütenlese und Geburt im Mund: welch ein Wunder! Dennoch weiß Vergil zu berichten, dass »ihr Geschlecht unsterblich« sei. Für das gleichsam ewige Leben der Bienen hatte er eine von der Tradition überlieferte, bereits bei Varro beschriebene Erklärung: die

»Bugonie«, die Entstehung des Bienenvolkes aus einem Stierkadaver. Es ist eine der seltsamsten Episoden aus der überreichen Geschichte des Aberglaubens. Dass Vergil ägyptische Geheimlehren als Quelle für die »Bugonie« annahm, war selbstverständlich: Alle Magie kam für die Römer aus dem rätselhaften Ägypten! Zudem gab es diese merkwürdige Übereinstimmung zweier Namen: Die lateinische Biene (apis) hatte einen ägyptischen Namensvetter in Stiergestalt. Es war der in Memphis von Priestern gehätschelte, in ganz Ägypten göttlich verehrte Apis-Stier, der durch einen göttlichen Zufall seinen Namen mit einem römischen Insekt teilte. Seine Körperhülle barg die Seele des von seinem Bruder Seth getöteten Osiris, er war eine massige Verkörperung des Prinzips, dass das Lebendige für immer an das Tote gebunden ist.

Doch Vergil hatte auch griechische Mythen unter seinen Imkergerätschaften. Gegen den Schluss des vierten Buches der *Georgica* verknüpft er kunstvoll die Geschichten von Orpheus und Aristaios. Letzterer, ein Sohn des Gottes Apollon und der Quellnymphe Cyrene, war Ackerbauer, Viehzüchter und Imker. Er wollte Eurydike verführen, die Gattin des Orpheus, doch als sie seine Avancen zurückwies und durch das Ufergras davonlief, wurde sie von einer Schlange gebissen und starb. Schuld an Eurydikes Tod war also Aristaios' ungehemmte sexuelle Leidenschaft, der von Vergil immerzu verdammte »Furor des Triebes«. Laut Plutarchs *Moralia* aber verabscheuen die Bienen jede fleischliche Begierde – wie dankbar wird das Christentum diese keusche Legende aufnehmen!

Der vor Wut und Trauer rasende Orpheus verfluchte Aristaios' Bienenstöcke. Alle Bienen starben. Ein katastrophales Bienensterben gab es also schon in den Mythen der Antike. Aristaios muss auf den Rat seiner Mutter zum weissagenden Meergott Proteus reisen und den in einer Grotte schlafenden Gott fesseln. Denn er ist schwierig zu fassen, verwandelt sich immer wieder: in eine wilde Bestie, in Feuer und Wasser. Schließlich entringt ihm Aristaios nach allem Kampf doch eine Erklärung: Proteus enthüllt ihm Orpheus' Tragödie, den Verlust Eurydikes, den Abstieg in die Unterwelt, den zweiten, endgültigen Abschied, als sich Orpheus unerlaubterweise zu seiner geliebten Frau umdreht. Den ganzen schönen Opernstoff also, für den ihm Christoph Willibald Gluck, der Schöpfer von *Orpheus und Eurydike* (1762), dankbar sein wird.

Und Aristaios muss seine tiefe Schuld an dem tragischen Geschehen erkennen. Schließlich wird ihm von seiner Mutter Cyrene ein Sühneopfer zur Besänftigung der Götter aufgetragen: die Opferung von vier Stieren, deren Kadaver er liegenlassen solle. Da kommt es zum Phänomen der »Bugonie«, zur mysteriösen Entstehung von Bienenvölkern aus den Stierkadavern. Vergil schildert das verblüffende Geschehen: »Hier aber sehen sie plötzlich (welch seltsames Wunder!), wie Bienen im ganzen Bauch der Rinder in den zerflossenen Gedärmen schwirren, zwischen geborstenen Rippen hervorschäumen, in unendlichen Wolken dahinziehen, sich schon im Baumgipfel ballen und an biegsamen Zweigen als Traube herabhängen.« Laut Mythos brachte der reuige Aristaios mit diesen »auferstandenen« Bienen den Menschen die Imkerei bei. Er läuterte sich zum Wohltäter der Menschheit.

Die »Bugonie« war ein Sinnbild für die fortwährende Zeugung von Neuem aus dem Abgestorbenen, ein Gleichnis für die aus sich selbst sich erneuernde Natur. Der Glaube an die »Bugonie« hielt sich hartnäckig, diverse antike Autoren trugen ihn weiter, auch Aelianus (um 170 bis 230 n. Chr.) in seinem Werk *Über die Eigenheiten der*

Tiere: »Noch im Tode tut das Rind etwas Gutes und Lobenswertes, denn aus seinem Kadaver entstehen die Bienen, diese fleißigen Tiere, die die beste und süßeste Nahrung liefern, die der Mensch kennt, den Honig.« Vergils Dichterkollege Ovid spricht in seinem Werk *Fasti* vom Stier, der »Tausenden Leben gab im Tod«. Varro nennt die Bienen »des verwesenden Stiers geflügelte Kinder«. »Stiergezeugt«, »stiergeboren« ist öfter das Beiwort der antiken Bienen.

Die Fortpflanzung der Bienen war und blieb in der Antike ein großes Mysterium. Nie konnte eine Begattung beobachtet werden – sie geschieht ja hoch oben in der Luft beim Hochzeitsflug der Königin. Der beim katastrophalen, die Stadt Pompeji verschüttenden Vesuv-Ausbruch umgekommene Plinius der Ältere (23 bis 79 n. Chr.) weiß in seiner umfassenden *Naturkunde* noch immer nicht, was er glauben soll. Er will die Natur verstehen und transportiert noch viel alten Volksglauben: Ist der Honigtau der Speichel der Sterne oder der Schweiß des Himmels? Und vor allem: Entsteht der Nachwuchs wirklich im Mund der Biene durch eine Kombination bestimmter Blüten? Holen sich die Bienen also aus den Blumen auch noch den Nachwuchs ab? Ein Storchenmärchen erster Güte … Aber mit gewaltigem Erfolg im frommen christlichen Mittelalter.

Christliches Bienenwunder

Jesus Christus ist die Biene. Die Jungfrau Maria ist der Bienenstock. Die Heilige Schrift ist eine Wabe voll süßesten Honigs. Das mittelalterliche Christentum erbte dankbar die antike Verehrung der Biene, brauchte deren Symbolkraft dringend. Sie galt als Verkörperung von Reinheit, Jungfräulichkeit, Tugend und Fleiß, hatte an moralischen Qualitäten sehr viel zu bieten. Der Kirchenvater Gregor von Nazianz (329 bis 390) bezeichnete Christus als »die jungfräulich geborene Biene«. Der auferstandene Erlöser wird von mittelalterlichen Autoren als »himmlische Biene« (apis aetherea) angesprochen, die auffliegt in die Sphären des Lichts.

Honig war einmal mehr auch »geistige Speise«, das süße Wort der Frohbotschaft. Der durch seine glanzvollen Predigten berühmte Bernhard von Clairvaux (1090 bis 1153) wurde als Meister der »honigfließenden Rede« verehrt, als *Doctor mellifluus*. Gelungene Predigt war wörtliche Honigproduktion! Es gab auch einen wahren Champion christlicher Bienenverehrung, den Heiligen Ambrosius, der zu den vier großen lateinischen Kirchenvätern gehörte und dem dieselbe honigsüße Redegabe zum Ruhm gereichte. Er wurde im Jahr 339 in Trier als Sohn des römischen Statthalters in Gallien geboren. Laut der im 13. Jahrhundert entstandenen Sammlung von Heiligenlegenden des Jacobus de Voragine – dem wichtigsten religiösen Volksbuch des Mittelalters, die *Legenda aurea* wurde mehr gelesen als die Bibel! – soll ein Bienenschwarm über seiner Wiege geschwebt und ihm Honig in den Mund geträufelt haben. So erklärte man sich die »honigsüße Sprache« seiner späteren Schriften und

Hymnen, der Ambrosianischen Lobgesänge, mit denen er den Kirchengesang begründete. Ambrosius war Bischof von Mailand, starb dort im Jahr 397 und wurde unter dem Hochaltar von Sant'Ambrogio bestattet.

Tatsächlich findet sich bei Ambrosius mehr Bienenlob als bei allen andern Kirchenautoren. Er überbietet sich immer wieder in seinen Aufforderungen, es der Biene gleichzutun: »Dass du dem Beispiele der Biene folgst, ihre Arbeitsamkeit nachahmest. Du siehst, wie fleißig, wie beliebt sie ist. Alles verlangt und begehrt nach ihrer Frucht. (…) Dem Gaumen mundet sie, und Wunden heilt sie, selbst innerem Wundweh träufelt sie Gesundung. Ist also die Biene auch schwach an Kraft, so doch stark an Weisheitsmacht und Tugendliebe.«

Ambrosius wurde oft dargestellt mit einem Bienenkorb. Er ist der Schutzpatron der Imker und Bienen, der Wachszieher, Krämer und Lebkuchenbäcker. In seiner Schrift *Von der Jungfräulichkeit* wird neben Maria fast selbstverständlich die Honigbiene gewürdigt. Die »unbefleckte Empfängnis« zeichnete beide aus. Die Gottesmutter selber wurde gern als Bienenstock gesehen. Die merkwürdige Assoziation war durch die Jahrhunderte gesegelt: Die Römer besaßen nämlich eine Bienengöttin, Mellona, deren schwangerer Bauch die Form eines Bienenkorbes hatte …

Mit nachhallendem Erfolg ins christliche Denken eingebracht wurde die kuriose bildliche Vorstellung durch die »Visionen« der 1303 in Uppsala geborenen, 1373 in Rom verstorbenen Mystikerin Birgitta von Schweden. Die Himmelsmutter persönlich soll ihr erschienen sein und ihre Vision höchstamtlich bestätigt haben: »Meine Tochter, du vergleichst mich mit dem Bienenkorb. In Wahrheit war ich ein solcher Bienenkorb, als die hochgelobte Biene, Gottes Sohn, hernieder kam vom höchsten

Himmel und in meinem Schoß Einkehr nahm.« Vom »süßesten Honig der Gnade« sprach sie noch und anderen wunderbaren Dingen.

Das »Buch der Himmlischen Offenbarungen« Birgittas kam nach mehreren lateinischen Ausgaben 1502 in Nürnberg auch auf Deutsch heraus und machte die hellhörigen, nach visuellen Umsetzungen suchenden Maler staunen. Matthias Grünewald benutzte das Motiv des Bienenstocks für seine berühmte *Stuppacher Madonna* (1519), ein überreich detailvolles Gemälde, auf dem jedes Bildelement symbolisch aufgeladen ist. Fünf Bienenkörbe sind am linken Rand zu entdecken …

Im Mittelalter kursierten viele Wundergeschichten, die auf eine geheime Verbundenheit der Bienen mit Jesus Christus deuteten. Es sind Erzählungen von Hostienfrevel, wundersamer Rettung, grausamer Bestrafung. Petrus Venerabilis (1094 bis 1156), der berühmte Abt von Cluny, berichtet davon in seinen »Wunderpredigten«. Eines der Wunder hatte er vom Bischof von Clermont übermittelt bekommen, in dessen Bistum es sich ereignet haben soll. Ein Bauer, der mehrere Bienenvölker besaß, wollte sie vor Krankheit und Tod bewahren. Er ging zur Kirche, empfing die heilige Kommunion, behielt jedoch die Hostie im Mund, um den »Leib Christi« für seine eigenen Zwecke zu nutzen. Er hatte nämlich gehört, dass man mit der Hostie im Mund in die Bienenstöcke blasen müsse, um die Bienen vor dem Tod zu bewahren. Das tat er denn auch, doch er tat zu viel.

Er blies so stark, dass der Corpus Christi aus seinem Mund und zu Boden fiel. Nun aber kamen – o Wunder – sämtliche Bienen herausgeflogen, versammelten sich um die Hostie, hoben sie auf und transportierten sie in den Stock. Der Bauer ging nach Hause, ärgerte sich, wurde aber auch von Furcht ergriffen wegen seines schändlichen Vorgehens. Aus der Furcht wurde Wut auf die Bienen, die Zeuginnen seines Hostienfrevels geworden waren. Der Bauer ging hin und goss so viel Wasser auf die Stöcke, bis alle Bienen tot waren. Auf den Honig wollte er dennoch nicht verzichten. Er brach die Stöcke auf – und fand darin ein sehr schönes, neugeborenes Kind, das zwischen den wohlgefüllten Honigwaben lag. Da es leblos schien, trug er es heimlich in die Kirche und wollte es begraben. Als er aber das göttliche Kind hintrug, wurde es von einer unüberwindlichen Kraft aus seinen Händen gerissen und stieg zum Himmel auf. Der Bauer selber erzählte das Wunder dem Dorfpriester, welcher es dem Bischof von Clermont überbrachte. Doch dann folgte die göttliche Strafe für den Hostienfrevel. Im Ort, wo er geschah, starben alle Menschen eines plötzlichen, vorzeitigen Todes, und eine schreckliche Stille legte sich auf den verödenden Landstrich.

Die Wundergeschichte diente natürlich auch zur Abschreckung eventueller Nachahmer. Der Hostienfrevel geriet hier ganz in die Nähe einer an den Bienen vollzogenen Schandtat. Die Bienen, die den Leib Christi aufgehoben und bewahrt hatten, starben einen Märtyrertod. Eines ist sicher: Die mittelalterlichen Bienen waren verschworene Komplizen des Christentums.

Der Kirchenvater Augustinus (354 bis 430) war selber Imker. Die ewige Jungfernschaft der Bienen war für ihn ein Merkmal ihrer Auserwähltheit: »Sie kennen keine Männer, die Blume ist ihr Bräutigam.« Die Bienen waren also gleichsam auch Nonnen … Tatsächlich war der Bienenstock für das mittelalterliche Christentum das Vorbild der klösterlichen Gemeinschaft. Im Brief an einen Mönch namens Rusticus schrieb der Kirchenvater Hieronymus (347 bis 419): »Richte Bienenstöcke ein … und lerne von den kleinen Wesen, wie Ordnung und Zucht in den Klöstern zu wahren sind«.

Die makellosen Bienen haben also das karge Klosterleben inspiriert. Sie waren Botschafterinnen des Heils, von den Kirchenvätern heftig bejubelt für ihre vorbildhafte Jungfräulichkeit. Und sie lieferten den Klöstern Wachs und Honig, Kerzenlicht und Nahrung, sie waren wertvolle Tiere, die sorgsam gehütet werden mussten.

Sitz, Biene, sitz: Jetzt kommt der Lorscher Bienensegen!

Nicht weit von meinem Wohnort Heidelberg befindet sich die im Jahr 764 gegründete Benediktinerabtei Lorsch. Vom ehrwürdigen Kloster blieb allerdings – neben ein paar Ruinen – nur eine eindrückliche karolingische Torhalle erhalten. Das Kloster war weithin berühmt für seine Bibliothek, unter anderem für das *Lorscher Evangeliar*, eine auf das Jahr 810 datierte Prachthandschrift, eine der großen Augenweiden des Mittelalters. Sie entstand vermutlich am Hofe Karls des Großen und übte auf die Entwicklung der Buchmalerei starken Einfluss aus.

Der Name Lorsch taucht aber auch in der deutschen Sprachgeschichte auf. Der *Lorscher Bienensegen* ist eine der ältesten gereimten Dichtungen deutscher Sprache, eingereiht wird er unter die magischen Beschwörungen und Zaubersprüche. Im 10. Jahrhundert kritzelte ein Mönch des Klosters den Text auf den Rand einer Pergamentseite der *Vision des Heiligen Paulus* aus dem 9. Jahrhundert, und zwar kopfüber verkehrt, gerade so, als habe die Hand-

schrift vor einem Klosterbruder gelegen, und sein Mönchs-
kollege ihm gegenüber habe sich rasch erhoben, über das
Pergament gebeugt und einen freien Platz zum Schreiben
gesucht. Der Ort ist purer Zufall. Es muss geeilt haben.
Der Mönch wollte seine Bienenbeschwörung so rasch wie
möglich aufs Pergament setzen (das rar und teuer war), als
Gedächtnisstütze, damit sie nicht gleich wieder ins Vergessen abtauche. Schwärmende Bienen sind flüchtig, spontan
gereimte Gedanken auch. Aber Buchstaben auf Pergament
zu kritzeln – das macht den leichtverderblichen Nektar
unter geistigem Speichelzusatz zu haltbarem Honig.

Nicht nur das menschliche Gedächtnis ist fragil, auch
Bücher sind es. Doch dieses Buch hatte Glück. Denn es
geriet mit Tausenden anderen in Brand, Glaubenskrieg
und Verschleppung – und überlebte dennoch bis heute.
Habent sua fata libelli – auch Bücher haben ihre Schick-
sale. Im Jahr 1090 brannte das Kloster. Die Mönche wuss-
ten, dass sie das Wichtigste retten mussten, was bei ihnen
aufbewahrt war. Jedes Stück in ihrer Bibliothek war ein
kostbarer Speicher für Glauben und Wissen. Auch jenes
Buch wurde gerettet. Es gelangte auf Schleichwegen in
die Bibliothek der pfälzischen Kurfürsten, die nach der
Reformation auf der Empore der Heiliggeistkirche in
Heidelberg aufbewahrt wurde. Der Bücherhort war die
Bibliotheca Palatina, also die »Pfälzische«, eine der be-
deutendsten Bibliotheken des 16. Jahrhunderts. Und sie
wurde im Dreißigjährigen Krieg zur kostbaren Beute.

Die Geschichte des »Winterkönigs« Friedrich V. von
der Pfalz (1596 bis 1632) und seines jähen Sturzes ist mit
dem Schicksal dieser Bibliothek eng verbunden. Der cal-
vinistische Kurfürst, seit 1613 Gatte der englischen Kö-
nigstochter Elisabeth Stuart, war der Anführer der Union
protestantischer Fürsten und stellte sich wagemutig, aber

auch unvorsichtig gegen Kaiser und Reich. Am 4. November 1619 ließ er sich in Prag zum König von Böhmen krönen, wodurch er einer der Auslöser des Dreißigjährigen Krieges wurde. Nach dem Fiasko der Schlacht am Weißen Berg am 8. November 1620 gegen die Truppen des Kaisers musste er überstürzt fliehen. Es folgten Ächtung, Enteignung, Exil, und für seine pfälzische Residenzstadt Heidelberg – Verwüstung und Tod durch die Soldateska des katholischen Gegners.

Die Herrschaft des »Winterkönigs« dauerte zwar mehr als einen Winter lang, aber der von der kaiserlichen Propaganda geprägte Spottname des Kurzzeitkönigs blieb an ihm haften. Als der katholische Feldherr Tilly am 19. September 1622 Heidelberg eroberte, hatte das auch für die wertvolle kurfürstliche Bibliothek schicksalhafte Folgen. Papst Gregor XV. wollte den Bücherschatz für sich haben und beorderte als seinen Gesandten Leone Allacci nach Heidelberg, der die Verschleppung der Bücher mit strengen Augen überwachte. Die ganze Bibliothek wurde auf die Rücken von zweihundert Mauleseln gepackt und auf eine gefährliche Alpenüberquerung geschickt. Es waren über 3 500 Handschriften, 1 200 Drucke und Frühdrucke (Inkunabeln), eine sehr stattliche päpstliche Beute. Unter ihnen reiste schaukelnd auch eine lateinische *Vision des Heiligen Paulus* mit dem bescheidenen, kopfüber auf einen Rand gekritzelten althochdeutschen *Lorscher Bienensegen*. Auf dem Rücken eines Maulesels überquerte der klösterliche Bienenschwarm also die Alpen. Der gute Mönch hatte das Ausschwärmen der Bienenbuchstaben nicht verhindern können. Sie landeten in Rom in den Büchersälen des Papstes. Unter der Signatur *Pal. Lat.* 220 wird die Handschrift noch heute in der Vatikanischen Bibliothek aufbewahrt.

Der *Lorscher Bienensegen* ist eine magische Beschwörung, der Versuch, einen Bienenschwarm zur Rückkehr und zum Bleiben zu bewegen. Denn jedes fliehende Volk ist ein herber Verlust für die Klosterwirtschaft. Der Mönch, der vermutlich mit der Honig- und Wachsgewinnung beauftragt war, ist in Panik. Was ist ein Kloster ohne Kerzenlicht! Ohne Bienenwachs war keine Messe denkbar, kein Kirchenraum konnte feierlich erleuchtet werden, durchweht vom süßen Geruch der heiligen Wahrheit. Beim Kirchenvater Augustinus war es ein Symbol für Jesus Christus, den Erlöser, »der das Licht in die Welt bringt« und – sich selber wie eine Kerze verzehrend – die Welt vom Dunkel der Sünde befreit. Die Kerzenproduktion war im christlichen Mittelalter enorm, den Stoff dazu lieferten die Wachsdrüsen der Biene.

Der Mönch also hat Angst, ein ausgeschwärmtes Bienenvolk zu verlieren. Es soll auf dem Klostergelände bleiben. Also lädt er es zum »Sitzen« ein, oder befiehlt es ihm geradezu. Hier der für unser Auge und Ohr exotische althochdeutsche Text und der Versuch einer Übersetzung:

Kirst, imbi ist hucze!
   nu fluic du, vihu minaz, hera
fridu frono in godes munt
   heim zi comonne gisunt!
sizi, sizi, bina!
   inbot dir sancta Maria.
hurolob ni habe du
   zi holze ni fliuc du.
noh du mir nindrinnes
   noh du mir nintuuinnest.
sizi vilu stillo
   vuirki godes vuillon.

Christus, das Bienenvolk ist draußen, hei!
    Nun flieg du, mein Vieh, schnell wieder herbei.
In Gottes Schutz, im Frieden des Herrn
    sollst heimkommen du gesund von fern.
Sitz, Biene, sitz jetzt noch!
    Die heilige Maria befahl es dir doch.
Urlaub sollst du nicht kriegen,
    in den Wald darfst du mir nicht fliegen.
Weder sollst du mir entwischen
    noch entschwinden in die Büsche.
Sitze ganz stille
    und wirke Gottes Wille.

Mit dem zärtlich klingenden althochdeutschen *imbi* ist der Bienenschwarm gemeint. Daraus hat sich das Wort »Imme« auch für die Einzelbiene entwickelt, kam aber gegen die Konkurrenz der »Biene« nicht an. Im Wort *imbi* lässt sich ein schönes Zusammentreffen von »Imme« und »Biene« ahnen.

Vermutlich wurde der beschwörende *Lorscher Bienensegen* immer wieder verwendet, als Stoßgebet der Imkermönche, wenn ein Bienenvolk zum Bleiben ermuntert werden sollte. Magie ist der Versuch, mit Worten Wirkung zu erreichen. Doch hörbar ist auch eine leise Drohung. Denn da werden unanfechtbare Autoritäten aufgerufen. Also zittere ein wenig, du liebe Biene, und höre, was dir aufgetragen wurde: nicht unstet zu werden, deinen Schwarmtrieb zu zügeln, besser ein bisschen vor Ort zu bleiben. Köstlicher Imperativ: *Sizi, sizi, bina!* Die heilige Muttergottes Maria selber also hat es befohlen, und Gottes Willen höchstselbst soll die Biene nachkommen und »stille sitzen«. Wie gern möchte man auch heute, in der Zeit des Bienensterbens, unbefangen ausrufen können: Sitz, Biene, sitz!

Oder hat man den Text auch sinnbildlich zu verstehen? Als Aufforderung an alle, sich einzufinden im christlichen Glauben, »stille zu sitzen« und Gottes Willen zu tun? Im Bienenstock des Klosters auch in Schriftform den Honig des Herrn, das süße Wort der frohen Botschaft zu pflegen? Beherzigen wir die Ermahnung des Lorscher Mönchs, schwärmen wir nicht zu früh aus und weg. Bleiben wir ruhig noch ein wenig im honigreichen Bienenstock des deutschen Mittelalters.

Unter deiner Zunge ist Honig

Das erste mystische Werk in deutscher Sprache – genauer: in Frühmittelhochdeutsch – ist das um 1140 entstandene *St. Trudperter Hohelied*, benannt nach seinem zeitweiligen Aufbewahrungsort, einem Kloster im Münstertal, Südschwarzwald. Verblüffender geographischer Zufall des Bienenschicksals: Das einstige Kloster liegt nur ein paar hundert Meter von Karl Pfefferles liebevoll eingerichtetem Bienenkundemuseum im Münstertal, einem der weltweit komplettesten und schönsten. Die Bienen haben also eine doppelte Heimat im Schwarzwälder Münstertal ...

Das *St. Trudperter Hohelied* ist ein weit ausschweifender, hymnisch-poetischer Kommentar zum alttestamentlichen Hohelied Salomos. Der mittelalterliche Autor ist anonym, bei all seiner Leistung als Pionier-Mystiker konnte er allerdings auf die Übersetzung des *Liedes der Lieder* durch Williram von Ebersberg (um 1000 bis 1085) zurückgreifen, um es feierlich schmückend und erläuternd in rhythmischer Prosa weiterzutragen. Natürlich interessiert uns die Stelle, wo sich Hohelied und Honig verbünden:

DÎNE LEFSEN DIE SINT TRIEFENDE WABE, GEMAHELE.
UNDER DÎNER ZUNGEN IST HONEC UNDE MILECH, UNDE
DER STANC DÎNER WAETE IST ALS EIN WÎROUCH
STANC. daz quît: dîn munt ist der WABE. daz
goteliche kôse daz bezeichenet den SEIM, DAZ
TROPFEZET allezane von der saelegen munde. daz
der man ûf der zungen hât, daz wil er ezzen.
daz er UNDER DER ZUNGEN hât, daz wil er gehalten.
alsô tuont alle gotes gemahelen. die gehaltent ir
naehesten die selben süeze, dâ ihr herze mite
gewunnesamet ist von götlichen dingen.

DEINE LIPPEN SIND TRIEFENDE WABEN, GELIEBTE.
HONIG UND MILCH LIEGEN
                        UNTER DEINER ZUNGE, UND
DER DUFT DEINES GEWANDES IST
                          WIE EIN WEIHRAUCH-
DUFT. Das bedeutet: Dein Mund ist die WABE.
                             Der alle Zeit
von dem Mund der Seligen
                   TRÄUFELNDE HONIGSEIM ist das
Reden über Gott. Was der Mensch auf der Zunge hat,
                          das will er essen;
was er UNTER DER ZUNGE hat, das will er aufbewahren.
So verfahren alle Gottesbräute. Für ihre Nächsten
bewahren sie all jene Süße auf, mit der ihr Herz
durch Göttliches von Wonne erfüllt wird.

Übersetzung Ohly/Kleine

Mit Verwunderung stellt man beim Lesen mittelalterlicher Texte fest, dass man doch einiges versteht. Wenn auch zuweilen das Falsche. Jedes Wort hat seine eigene, an Umwegen reiche Geschichte. Es kann über Jahrhunderte hinweg fast unberührt von der Zeit weiterleben, oder es verschwindet eines Tages sang- und klanglos. Seine Bedeutung kann sich leicht oder auch energisch verschieben, eine Verengung erfahren oder eine plötzliche Öffnung ins Allgemeine. Ein besonderer Reiz beim Umgang mit einem Text, der fast neunhundert Jahre alt ist, ist auch das Staunen über die Wortschicksale. *Dîne Lefsen:* deine Lefzen. Aus der Bezeichnung der menschlichen Lippen ist mit der Zeit ein Teil des tierischen Mauls geworden. *Gemahele:* Liebste. Aus der Geliebten ist eine Gemahlin, eine angetraute Ehefrau, gewachsen. *Der stanc dîner waete:* Gern würden wir, vom Weiterleben der Wörter inspiriert, ironisch den »Gestank deiner Weste« als Wortbedeutung riechen, doch empfiehlt sich hier der noblere »Duft deines Gewandes«. *Honec unde milech:* Zum Glück gibt es auch Wörter, deren Bedeutung sich nicht verzerrt oder verschoben hat. Es geht hier noch immer um Honig und Milch. Althochdeutsch lautete das Wort »honag«, mittelhochdeutsch »honec«, übrigens mit neutralem Geschlecht: *daz honec.* Noch der Barockdichter Martin Opitz wird »*das* Honig« besingen. Es war ursprünglich eine Farbbezeichung, bedeutete »Goldfarbenes«.

Die Süße des Honigs war von Anfang an als Metapher für die Liebe unverzichtbar. Im biblischen *Lied der Lieder* Salomos durfte der Honig also nicht fehlen: »Von deinen Lippen, Liebste, tropft Honig; Milch und Honig ist unter deiner Zunge«. Schriftlich festgehalten wurde es zwischen dem 8. und dem 6. vorchristlichen Jahrhundert, doch seine Verbindungen zur altorientalischen, sumerisch-babylonischen und ägyptischen Dichtung sind unbestritten. Unter den Urahnen dieses herrlichen Liebesgestammels werden Gesänge auf heidnische göttliche Paarungen vermutet. In sumerischen Texten wurde die heilige Hochzeit des Fruchtbarkeitsgottes Tammuz und der Liebesgöttin Ischtar gefeiert. Doch auch die weltliche Liebeslyrik des ägyptischen Neuen Reiches aus der Zeit um 1300 v. Chr. gilt als Vorbild für das biblische *Lied der Lieder*. Wie sich dieses uralte orientalische Hochzeitslied unter die biblischen Bücher verirrte, ist noch immer ein Rätsel.

Später durfte das schönste, sinnlichste, erotischste aller Liebesgedichte der Welt nie mehr sein, was es einmal war. Das Liebesspiel wurde gestört, gegen die Ermahnung des Liedes selbst: »Seine Linke liegt unter meinem Kopf / und seine Rechte liebkost mich. / Ich beschwöre euch, ihr Töchter Jerusalems, / bei den Gazellen und Hindinnen der Wildnis: / Weckt sie nicht, stört sie nicht, / die Liebe, bis es ihr gefällt.« Der Körper der Geliebten wird so hingerissen besungen, dass es die Kirchenväter einen gewaltigen Kraftakt kosten wird, dem schwindelerregenden, berauschenden Wortsinn eine andere, »höhere« Bedeutungsebene anzudichten. Durch den Griff in die Zaubertrickkiste der Allegorese, jener Auslegungsmethode, bei der jedes ein anderes ist, maßten die frommen Theologen sich an, den Wortsinn des erotischen Textes verkennen zu dürfen. Schläfen wie eine Scheibe vom Granatapfel, Lippen wie eine scharlachfarbene Schnur, Brüste wie zwei Rehkitze, wie Gazellen, der Nabel ein Becher voller Gewürzwein, der Bauch wie ein von Lilien umgebener Weizenhaufen … Brüste, Lippen, Nabel, Bauch: Kein liebliches Detail dieses Körpers bleibt unbesungen.

Die jüdischen und christlichen Allegoriker jedoch werden das herzzerreißende »Ich bin krank vor Liebe« des *Liedes der Lieder* umbiegen in eine fromm behauptete Heilung. Für Rabbi Akiba ben Josef (um 50 bis 135 n. Chr.) sprach das Lied vom Bund zwischen Gott und dem Volk Israel. Das *Schir ha-Schirim* galt ihm und seinen Nachfolgern als die allerheiligste aller heiligen Schriften, als Krönung der Bibel. Die christlichen Kirchenväter wollten ihm darin nicht nachstehen. Der Hoheliedkommentar des Origenes (185 bis 254 n. Chr.) feierte die Beziehung der Seele zu Gott und war energisch bestrebt, das prächtigste der Liebeslieder panisch zu ent-erotisieren. Nach der Legende soll sich Origenes selber kastriert haben, und dem ekstatischen Liebesjubel sollte es nicht besser ergehen. Für den Kirchenvater Hippolyt von Rom (170 bis 235 n. Chr.) war Christus der Bräutigam, die Braut war die Kirche. Bei Ambrosius von Mailand (339 bis 397 n. Chr.) schließlich, dem bekannten Bienenpatron und Propagandisten der Jungfräulichkeit, drehten sich alle Liebesbezeugungen um die Jungfrau Maria. Sulamith versank in Vergessenheit, Maria triumphierte.

Das irdische erotische Liebessehnen zweier junger Leute verwandelte sich zur theologisch abgesegneten Sehnsucht der Seele nach der Vereinigung mit Gott. Und die mittelalterlichen Theologen überboten sich gegenseitig in den Spitzfindigkeiten ihrer Deutung des Honigs. Immer jedoch wird er mit Göttlichkeit assoziiert, mit der Süße des Gotteswortes. Das Tropfen der Wabe war ein Zeichen göttlicher Fülle. Im Mittelalter war das *Lied der Lieder* überhaupt das beliebteste Buch der Bibel. Es wurde häufiger kommentiert und gepredigt als jede andere Schrift des Alten oder Neuen Testaments. Besonders berühmt waren die sechsundachtzig Hohelied-Predigten des Starpredigers Bernhard von Clairvaux (1090 bis 1153).

Einmal mehr wurden die Honigbiene und ihr süßes Produkt für christliche Belange vereinnahmt. Der anonyme Autor des *St. Trudperter Hohenliedes* fügt sich in diese starke Tradition, aber mit bestechend eigenständiger Kunst und großzügigem Aufwand an schmeichelnder, warmer Beschwörungskraft! Der Text war für die Frauenklöster bestimmt, er sollte den Nonnen, den »Gottesbräuten«, Belehrung bieten und ihre Sehnsucht nach dem »himmlischen Bräutigam« nähren und stärken. Die ungeheure Kraft des Eros, die im *Lied der Lieder* (erst Luther wird es das *Hohelied* nennen) zur Feier der Liebe in zarte poetische Bilder gegossen wurde, wird bei den mittelalterlichen Theologen zum Vehikel der Mystik. Das ekstatische Hochzeitslied – zum geistigen Leitfaden für das Gefühlsleben der Nonnen. O Schwarzwald christlicher Deutungen!

Vielleicht halten wir uns noch einmal lieber an die Dichter. Goethe schwärmte in seinen *Noten und Abhandlungen zum West-östlichen Divan* vom »Zartesten und Unnachahmlichsten, was uns von Ausdruck leidenschaftlicher, anmutiger Liebe zugekommen«. Sogar die lockere, rätselhafte Anordnung dieser Hochzeitslieder pries er als eine »liebliche Verwirrung«. Das verzückte erotische Gestammel lallt noch für den, der Ohren hat, von seinen uralten, orientalischen Ursprüngen. Origenes und der Verein der Kirchenväter haben sich vergeblich angestrengt, den Liebesliedern ihren Sinnentaumel, ihr erotisches Feuer auszutreiben.

Bei so viel behaupteter Frömmigkeit, christlicher Tugend und Keuschheit, Mister Beekeeper, könnte man durchaus ein wenig ungeduldig werden. Nichts als Reinheit und eiserne Jungfernschaft in der kulturellen Biographie der Honigbiene? Keinerlei Schwärmen, keinerlei Sehnsucht nach dem weltlich-süßen Eros? Wo kämen wir hin. Das *Lied der Lieder* hat uns ohnehin schon einen Wink gegeben.

In Eros' Hand

Ist die Biene nicht doch eine geheime Erotikerin? Sappho, die erste Dichterin des Abendlandes (um 600 v. Chr.), die auf der Insel Lesbos lebte, formulierte erstmals den tiefgreifenden Zwiespalt der Liebe, bezeichnete Eros als das »süß-bittere Monstrum«. Von all ihren Werken blieb jedoch nur eine Handvoll Fragmente erhalten, ein zarter Scherbenhaufen, weil die gestrengen Kirchenväter die Gedichte der »geilen Heidin« zur Zerstörung freigaben. So sind wertvolle Papyri und Pergamente vernichtet worden. In einem der erhaltenen Bruchstücke aber schwor sie der Liebe ab und bekannte: »Weder den Honig noch die Biene begehre ich.« Mit anderen Worten: weder die Süße der Liebe noch ihren Stachel, Schmerz und Gefahr, die auf die liebende Hingabe folgen. Seit frühesten Zeiten herrscht durchaus auch Ambivalenz in Bienenkult und Honigwahn.

Das Alter der allerersten schriftlichen Erwähnung des Honigs in der Geschichte wird aber oft übertrieben. Im Internet geistert der *Gesang der Prinzessin* für den sumerischen König Schu-Schin, der angeblich 3000 v. Chr. entstanden sei: »Bräutigam, teuer meinem Herzen, / groß ist deine Schönheit, süß wie Honig. / Löwe, teuer meinem

Herzen, / groß ist deine Schönheit, süß wie Honig.« Die Datierung machte mich misstrauisch, also schrieb ich einem Assyriologen, der freundlich antwortete. Der Text sei seit langem bekannt, beziehe sich auf Shu-Suen von Ur, den vierten Herrscher der Dritten Dynastie (2112 bis 2004 v. Chr.). Ob er tatsächlich aus dieser Zeit stamme, sei aber unsicher. Dann kommt noch eine Enttäuschung: Der Übersetzung »Honig« liege eine alte Fehlinterpretation des sumerischen Wortes *lal* zugrunde, das nicht den Honig, sondern den mesopotamischen Dattelsirup bezeichne. Also vorerst keine Honig-Liebesmystik zwischen Euphrat und Tigris! Einzig Sirup.

Bei den alten Griechen aber war der Süßstoff der Liebe bereits unzweifelhaft Honig und bedeutete früh schon – Gefahr. Das Motiv der »Bestrafung des Eros« tauchte auf, zuerst beim Dichter Anakreon (580 bis 495 v. Chr.) oder einem seiner Nachahmer: »Eros, von einer Biene gestochen, / als er an einer Rose gerochen, / lief weinend in Venus' Arme: / liebe Mutter, ich sterbe, erbarme, / eine fliegende Schlange / biss mich schmerzlich in die Wange! / Erst tröstet Venus ihren Sohn / und spricht dann zu ihm voller Hohn: / der kleinen Mücke leichter Stich / hat große Macht wohl über dich, / doch viel, viel größer ist der Schmerz / deiner Pfeile mitten ins Menschenherz.«

Der Dichter Theokrit (305 bis 250 v. Chr.) fabulierte Eros' schlimm endendes Abenteuer weiter, machte aus dem Rosenschnüffler einen Honignascher und dichtete den *Keriokleptes*, den »Honigdieb«. Das populäre Sujet durchsegelte spielend die Jahrhunderte und wurde von der Malerei dankbar aufgenommen. Unter den Bildfunden in der beim Vesuv-Ausbruch verschütteten Stadt Pompeji fand sich auch das Wandgemälde *Die Bestrafung des Eros*, das heute im Nationalmuseum in Neapel aufbewahrt wird. Das Bild verlieh sogar dem Haus, in dem es gefunden wurde, den Namen: *Casa dell'Amore punito*.

Das kleine Erosknäblein hat gerade die Hand voll gestohlener Honigwaben und ist beim Naschen, als es von den wütenden Bienen umschwärmt wird, die es stechen wollen. Seine Mutter Venus/Aphrodite steht nachdenklich daneben. Es ist ein Sinnbild für Süße und Gefährlichkeit der Liebe. Das Sujet inspirierte natürlich auch die von der Antike besessene Renaissance. Albrecht Dürer schuf 1514 ein einschlägiges Aquarell, aber es war sein Zeitgenosse Lucas Cranach der Ältere (1472 bis 1553), der zum lustvollen Ausgestalter des reizenden Sujets und damit zum Champion einer neuen malerischen Sinnlichkeit wurde. Das Gemälde *Venus mit Amor als Honigdieb* entstand in Wittenberg um 1530, heute ist es im Besitz der Galleria Borghese in Rom. Venus – mit elegantem rotem Hut und nichts verhüllendem Schleier überm Unterleib – sucht den Blick des Betrachters, als wolle sie sein Einverständnis beim Urteil über den törichten Sohnemann einholen. Auf schwarzem Hintergrund steht lateinisch die Moral: »Während der Knabe Cupido aus der Höhlung Honig sich stahl, stach die Biene den Dieb mit dem Stachel in den Finger. So schadet auch uns die kurze und vergängliche Wollust, die wir begehren: Mit herbem Schmerz ist sie vermischt.«

Die Universitätsstadt Wittenberg war der Ausgangsort der Lehre Martin Luthers. Cranach kannte keinerlei politisch-religiöse Skrupel: Er bediente weiterhin finanzstarke katholische Auftraggeber, illustrierte 1522 aber auch Luthers Bibelübersetzung und reformatorische Propagandaschriften. Er malte Altarbilder und Madonnen und schielte zugleich bedenkenlos auf Venus' süße Nacktheit. Oder besser: auf den damit verbundenen Verkaufserfolg. Aktdarstellungen hatte es vorher in der deutschen Malerei nicht gegeben. Nun wurde Cranach der schlaue Ausbeuter einer Goldmine. Er war ein ungeheuer produktiver Künstler und Unternehmer, nannte eine Apotheke und einen Weinausschank sein eigen, war Druckereibetreiber, Immobilienhändler und Bürgermeister. Kunst und Kommerz energisch zu verbinden, war seine auffälligste Spezialität. Sein Grabstein in Weimar verrät, er sei »der schnellste Maler« gewesen.

Amors Bienen-Fiasko vereint elegant Moral und Augenweide. Denn der Blick weilt nur kurz beim erbarmenswürdigen, gestochenen Erosknäblein. Der eigentliche Blickfang war die nackte Venus ... Die beinah industriell arbeitende Cranach-Werkstatt in Wittenberg, das effizienteste Kunstimperium nördlich der Alpen, das rund 5 000 Gemälde entstehen ließ, kostete das pikante Sujet weidlich aus. Es wurde erfindungsreich variiert, galt geradezu als Spezialität des Cranach-Teams. Es sind mindestens fünfzehn Fassungen des lukrativen Honigdieb-Sujets bekannt. Sie sind über die halbe Welt verstreut, lassen sich in London, Rom und Otterlo, Berlin und München und anderswo besichtigen. Cranachs voyeuristisches Kokettieren mit Venus' unverhülltem Körper und die moralisierende Auslegung des Honigdiebstahls ließen den Meister doppelt profitieren. Die Verurteilung der Wollust gab zu deren raffinierter Zurschaustellung Anlass. Die nackte Göttin wurde Cranachs Visitenkarte. Zwei Waben auf einen Schlag.

Barocke Bienen

Doch das Buch der Bienen-Erotik hat mehrere Kapitel. Schon in der Antike wurden Küsse mit Bienen assoziiert, etwa in den kolportagehaften griechischen Romanen der Spätzeit. Der aus Alexandria stammende Achilleus Tatios schrieb gegen Ende des zweiten Jahrhunderts einen Liebesroman mit dem Titel *Kleitophon und Leukippe*, in dem die Liebenden getrennt werden und erst nach vielen Klippen und Gefahren zueinander finden. Die Kuss-Szene im 7. Kapitel zeigt ein kleines erotisches Ritual. Das Mädchen Klio wird von einer Biene in die Hand gestochen. Ihre Gefährtin Leukippe lindert ihr mit »Zauberworten, die sie von einer Ägypterin gelernt hatte«, den Schmerz. Da hat der listige Verehrer Leukippes eine zündende Idee:

> Ich hatte den Einfall, die Hände vor mein Gesicht zu halten und so zu tun, als ob auch ich gestochen worden wäre. Das Mädchen kam zu mir, zog mir die Hand weg und fragte mich, wo sie mich gestochen habe.
>
> »Auf die Lippe«, antwortete ich ihr, »willst du nicht auch bei mir deine Zauberformel anwenden?«
>
> Da kam sie auf mich zu und legte ihren Mund auf meine Lippen, als wollte sie die Zauberformel singen. Sie flüsterte auch etwas, als sie die Oberfläche meiner Lippen berührte. Ich küsste sie still und unterdrückte heimlich das Geräusch der Küsse. Sie öffnete und verschloss ihre Lippen und machte durch das Geflüster des Zaubergesanges das Singen zum Küssen.

Die Biene ist eine Beschleunigerin im Drama der scheuen oder verwegenen Annäherung an die Geliebte. Und sie kennt keine kulturellen Grenzen. Noch eine Erinnerung an unser indisches Intermezzo? Im bereits erwähnten Sanskrit-Drama *Sakuntala* des Dichters Kalidasa (um 315 bis 415 n. Chr.) nähert sich Dusyanta, der König von Hastinapura, voller Begierde dem schönen Mädchen Sakuntala, das gerade von einer Biene belästigt wird. Und was tut der König? Er beneidet die Biene: »Ihr zitterndes Auge streifst du immer wieder, Biene, summst süß, Heimliches raunend, vor ihrem Ohr. Sie wehrt dich ab, du aber trinkst von ihren Lippen, dem Quell der Lust – am Ziel bist du, ich aber, zweifelnd, halte mich zurück.«

Die Biene ist also auch ein kleines summendes Instrument der Verführung – wenn das die Kirchenväter wüssten! Im deutschen Barock war ihre sinnliche Karriere besonders glanzvoll. Ihre Vielseitigkeit erlaubte es ihr, sowohl in religiösen als auch in erotischen Gedichten eine Rolle zu spielen. Sie war ein von christlichen Predigern wie von dichtenden Erotikern gehätscheltes Tier. Der aus Breslau stammende Theologe, Arzt und Mystiker Johannes Scheffler alias Angelus Silesius (1624 bis 1677) besang in seiner Liedersammlung *Heilige Seelen-Lust* voller Inbrunst die Kreuzeswunden Christi und formulierte seinen sehnlichsten Wunsch: »Lass meine Seel ein Bienelein / Auff deinen Rosen-Wunden seyn«. Die blutigen Wunden des Gekreuzigten sind die Blumen, die die Bienen-Seele aufsuchen möchte, um deren Nektar zu kosten. Blut und Honig werden vom schlesischen Mystiker in einem ekstatischen Paradox gemischt.

Natürlich bewahrten sich die Bienen auch in dieser Zeit ihren gottesfürchtigen, tugendhaften Nimbus. Die tiefe Frömmigkeit der Biene war ein beliebtes Thema des katholischsten aller Prediger der Barockzeit, Abraham a Sancta Clara (1644 bis 1709), alias Johann Ulrich Megerle aus Kreenheinstetten bei Messkirch, der in seinem Traktat *Hui! und Pfui! der Welt* (1707) in einem eigenen Bienenkapitel (einer »Anfrischung zu allen schönen Tugenden«) die Biene sich vor jedem Ausflug bekreuzigen lässt: »Bevor sie auf die Blumen ausfliegen, da machen sie mit den vorderen zwei Füßen ein Kreuz, und bucken sich ganz tief, dass sie also ihre Arbeit mit Gott anfangen.« Die Biene, die sich vor der Nektarsuche bekreuzigt – welch eine groteske fromme Pantomime der Natur!

Dass die Bienen von den Barockdichtern energisch auch für die erotische Pantomime aufgeboten wurden, ist aber nicht aus der Welt zu reden. Die verlässlichen Bienen wurden von ihnen als Beschützerinnen der süßen Geliebten eingesetzt, als wehrhafte Bienen des Eros. Das schönste Beispiel stammt vom schlesischen, im Städtchen Bunzlau geborenen Dichter Martin Opitz (1597 bis 1639), der als »Vater der deutschen Dichtkunst« gilt, weil er in seinem manifestartigen *Buch von der Teutschen Poeterey* (1624) deren Wert und Würde heben wollte. Ebenso war er von der Mission beflügelt, in den mörderischen religiösen Wirren des Dreißigjährigen Krieges die Dichtung nicht sterben zu lassen und mit *Teutschen Poemata* die Fahne der Poesie hochzuhalten.

Martin Opitz' *Sonett an die Bienen* – es findet sich vollständig in der »Wabe voller Gedichte« am Schluss dieses Buches – ist eine generöse Lobeshymne auf die selbstlosen und fleißigen »Honigvögelein«, die der Dichter fluglotsenhaft auf den »Rosenmund« seiner Geliebten lockt, damit sie dort ihre »Himmelsspeise«, natürlich den Honig, hervorbringen. Dann aber folgt eine massive Drohung gegen den Frevler, der ihr etwas zuleide tun könnte. Die Bienen sollen ihn schnurstracks mit dem Tod bestrafen.

Kommt, kommt zu meinem Lieb auf ihren Rosenmund
Der mir mein krankes Herz hat inniglich verwundt,
Da sollt ihr Himmelspeis auch überflüssig brechen:

Wann aber jemand sie will setzen in Gefahr
Und ihr ein Leid antun, dem sollst du starke Schar
Für Honig Galle sein und ihn zu Tode stechen.

Man kann nur staunen über das kontraststarke Nebeneinander von zärtlichem Säuseln und brutaler Gewaltandrohung. Süßer Honig und bittere Galle – eine spannungsreiche Kombination, wie die Barockdichter sie liebten. Denn auch der 1609 im sächsischen Hartenstein geborene, mit nur dreißig Jahren 1640 in Hamburg verstorbene Paul Fleming schickt in seinem Gedicht *An die Bienen* nach der Beschwörung einer idyllischen Naturszenerie eine handfeste Drohung an die Adresse seiner Rivalen. Er nennt die Bienen darin respektvoll »Honigmeisterinnen«. Sie sind seine Verbündeten, die er als »Feinde der Gewalt« bezeichnet, die aber »aus rechtem Eifer« zu grausamen Rächerinnen werden können:

… Weil ich sie lassen muss, so wachet ihr bei ihr.

Geschieht es, dass vielleicht ein Andrer ihr
        schleicht nach,
Indem sie bei euch ist und diesen schönen Flüssen,
Und will mit Hinterlist ihr süßes Mündlein küssen,

Das euch auch süßer macht, so sollt ihr meine Schmach,
Ihr Feinde der Gewalt, aus rechtem Eifer rächen
Und diesen frechen Mund alsbald zu Tode stechen.

Die Bienen werden also für den Eigennutz des liebenden Barockdichters vereinnahmt. Denn der darf natürlich ungestraft und ungestochen das »süße Mündlein« küssen.

Der weitgereiste Fleming, der in Begleitung des Astronomen und Geometers Adam Olearius zu Gesandtschaftsreisen nach Russland und Persien aufbrach, auf der Wolga bis Astrachan und zum Kaspischen Meer segelte, war ein exquisiter Liebesdichter und wahrer Kuss-Experte. Sein populärstes Gedicht ist *Wie er wolle geküsset sein* (»Nicht zu frei, nicht zu gezwungen, nicht mit gar zu fauler Zungen … Halb gebissen, halb gehaucht, halb die Lippen eingetaucht«).

Ein weiterer Barockdichter, der wie Martin Opitz aus Schlesien stammende Friedrich von Logau (1604 bis 1655), hatte in seinem Gedicht *Ursprung der Bienen* sogar eine originelle Entstehungsgeschichte der »Honigleute« anzubieten (»Mädchen, habt ihr nicht vernommen, / Wo die Bienen hergekommen?«). Nein, sie wurden nicht mehr wie bei Vergil aus einem Stierkadaver geboren. Logau hatte eine reizvollere Idee. Ihr Ursprung war erotischer Art: Die Bienen entstanden laut ihm aus den Küssen von Venus und Adonis, dem schönen Jüngling, der von einem wütenden Eber – der eifersüchtige Kriegsgott Mars hatte sich für seine Rache in einen solchen verwandelt – zerrissen wurde. Logau schildert ein Liebestreffen von Venus und Adonis und das Gefühl der Frustration, dass all die vielen Küsse furchtbar flüchtig sind. Also schafft Venus ihnen Flügel und lässt sie durch die Lüfte flattern. Als dann der geliebte Jüngling vom Eber getötet wird, macht sie vor Wut und Trauer aus den geflügelten Küssen – Bienen. Zur Mahnung – mit einem Stachel.

Wollten ohne süßes Küssen
Nimmer sie die Zeit vermissen,
Küssten eine lange Länge,

Küssten eine große Menge,
Küssten immer um die Wette,
Eines ward des andern Klette,
Bis es Venus so verfügte,
Die dies Tun sehr wohl vergnügte,
Dass die Geister, die sie hauchten,
Immer blieben, nie verrauchten,
Dass die Küsse Flügel nahmen,
Hin und her mit Heeren kamen,
(...)

Als sie mehr nicht konnte schaffen,
Ging sie, ließ zusammenraffen
Aller dieser Küsse Scharen,
Wo sie zu bekommen waren,
Macht' daraus die Honigleute,
Dass sie geben süße Beute,
Dass sie aber auch daneben
Einen scharfen Stachel gäben,
So wie sie das Küssen büßen
Und mit Leid verbittern müssen.

Gesteigerte Sinnlichkeit kam mit dem Barock in die deutsche Literatur, und die Propheten der »Wollust« beriefen sich auf ihren kompetenten Kollegen Christian Hoffmann von Hoffmannswaldau (1617 bis 1679), das Haupt der Zweiten Schlesischen Dichterschule: »Die Wollust bleibet doch der Zucker dieser Zeit / Was kann uns mehr denn sie den Lebenslauf versüßen? / Sie lässet trinckbar Gold in unsre Kehlen fließen / Und öffnet uns den Schatz beperlter Lieblichkeit ...« Mit der »Zucker-Lust« hatte die Barockzeit natürlich das hauptsächliche Süßmittel der Epoche im Sinn: den Honig, dieses »trinckbar Gold«.

Barock und Bienen sind unzertrennlich. Eros und die zärtliche Honiggabe ebenso. Martin Opitz' Lobeshymne auf die »Honigvögelein« haben sie sich redlich verdient. Und wir, liebe Imker, Kirchenväter, Mystiker und Barockpoeten, sind erleichtert, dass das Klosterleben nicht die einzige von den Bienen inspirierte Lebensform geblieben ist, dass Venus' mächtige Hand die Honigmeisterinnen auch zu anderen Zielen lenkte.

Küsse im Bürgerkrieg

Die Dichter des Barock durften also noch ungestört und rückhaltlos küssen, will man Paul Fleming glauben und seinem Kusslehrgang *Wie er wolle geküsset sein*. Die armen Dichter der Moderne werden es nicht mehr so unbeschwert tun. Die Annäherung von Biene und Mund wird weiterhin gefährlich bleiben, und das Gift der Moderne wird sich auch im Bienenkuss verstecken. Keine ungehemmte Küsserei kennt ein sich zum »armen jungen Schafhirten« stilisierender Paul Verlaine (1844 bis 1896). In seinem Gedicht *A poor young shepherd* des Bandes *Romances sans paroles* (»Lieder ohne Worte«) erscheint litaneihaft der Ausruf: »Ich habe Angst vor einem Kuss / wie vor einer Biene«:

> J'ai peur d'un baiser
> Comme d'une abeille.
> Je souffre et je veille
> Sans me reposer.
> J'ai peur d'un baiser!

(Ich habe Angst vor einem Kuss / wie vor einer Biene. /
Ich leide und liege wach / ohne Ruhe zu finden. / Ich
habe Angst vor einem Kuss!)

Das unreflektiert Sinnliche und der üppig sich auslebende
barocke Eros, »Zucker-Lust« wie Kuss-Sucht, sind plötzlich problematisch geworden. Angst vor dem Kuss? Keine
Küsse mehr in Zeiten der Angst? Aber nein doch, die Bienen werden dafür sorgen, dass die Küsse auch in der Moderne blühen, anders eben, und nicht unbeschwert. Der
Kuss kann auch später noch eine in schwierigsten Zeiten
getauschte Liebesration sein, das Einzige, was vom Tod
Bedrohten übrigbleibt. Der russische Dichter Ossip Mandelstam (1891 bis 1938) schrieb im November 1920 während des Bürgerkriegs zwischen Weißen und Roten, inmitten von Hunger, Erschießungen und Terror, ein
zauberhaftes Liebesgedicht, das der schönen Schauspiele-
rin Olga Arbenina gewidmet war.[*] Es beschwört Bienen
und Küsse und die zärtliche Gabe des sich selbst hin-
schenkenden Gedichts – im Zeitalter der Angst.

Nimm dir zur Freude nun aus meinen Händen
Ein wenig Sonne und ein wenig Honig –
Nach dem Gebot der Bienen Persephones.

Nicht loszumachen ist das unvertäute Boot,
Nicht hörbar ist der pelzbeschuhte Schatten,
Nicht zu bezwingen ist im Lebenswald die Angst.

Uns bleiben einzig und allein die Küsse,
Die zottigen, sie sind wie kleine Bienen
Die sterben, kaum sind sie dem Korb entflogen.

* Die Arbenina-Episode inspirierte eine Reihe schönster Gedichte der
russischen Lyrik, vgl. Ralph Dutli: Meine Zeit, mein Tier. Ossip Mandelstam. Eine Biographie. Zürich 2003, S. 217-221

Sie summen hell im Glasgesträuch der Nacht,
Ihr Heimatland – der dichte Wald Taygetos,
Als Nahrung: Zeit, das Honigkraut, die Minze.

So nimm zur Freude dir mein wildestes Geschenk,
Das schlichte Halsband aus den toten Bienen –
Sie schufen Honig, schufen aus ihm Sonne.

Durch natürliche Magie wird aus dem Honig wieder
Sonne, die neue Lebenskraft ermöglichen soll. Es ist nicht
das überwältigende, mächtige Zentralgestirn, sondern
nur »ein wenig Sonne«, ein winziges Maß, ein fragiles
Versprechen der Möglichkeit menschlichen Lebens –
trotz aller Gefährdungen. Mandelstam zaubert die Bienen in das unwegsame Gebirge Taygetos im Süden des
Peloponnes, in der antiken Tradition jedoch war es der
Honig vom Hymettos, dem damals bewaldeten – und
heute kahlen – Berg südöstlich von Athen, der weithin
berühmt war. Das russische Wort für »Geheimnis« (taina)
scheint ihm den lautlich näheren Taygetos eingeflüstert
zu haben. Die heiligen Bienen der Persephone erscheinen,
die Grenzgängerinnen zwischen Unter- und Oberwelt, als
Vermittlerinnen zwischen Leben und Tod, und als respek-
table Autorität: Denn sie sind es, die dem Dichter »befeh-
len«, das zu tun, was er zu tun hat. Die Bienen sterben
zwar, doch zuvor haben sie etwas Kostbares und Lebens-
notwendiges hergestellt, genau wie die Dichter.

Gedichte sind Geschenke (»Nimm aus meinen Hän-
den«), die die Vergänglichkeit der Bienen-Küsse und den
Tod der Dichter-Bienen hinter sich lassen und Honig wie
Sonne spendend die Zeit überwinden. Mandelstams
Gedicht ist eine Aufforderung zur Liebe, ein Aufruf zum
Leben – trotz widrigster Umstände, trotz Bürgerkrieg

und Tod. Doch keine Idylle wird hier skizziert: »Nicht zu bezwingen ist im Lebenswald die Angst«. Die bienengleichen Küsse sind den Liebenden Trost und Nahrung, ein stiller Aufstand gegen die Allmacht der Angst. Was aber bleibt, sind die Gedichte, dieses »schlichte Halsband aus den toten Bienen«. Sie vermögen es, den Lauf der Zeit umzukehren und den Honig wieder zu Sonne zu verwandeln. Zu wärmendem Licht.

Auf der anderen Seite Europas, in Spanien, wird fast gleichzeitig und ebenso in einer schwierigen, vom Krieg bestimmten Zeit ein Gesang auf den Honig angestimmt. Es ist ein Gedicht des jungen Federico García Lorca (1898 bis 1936) aus den letzten Wochen des Ersten Weltkriegs, das ein dem Honig entströmendes Glück und Heil beschwört. Entstanden ist es im November 1918, als der Dichter zwanzig war und ein von der ersten Glaubens- und Lebenskrise erschütterter Student in Granada, kurz vor seinem Absprung nach Madrid. Noch ein ganzes Jahrzehnt vor den *Zigeunerromanzen* (1928), die seinen Weltruhm begründeten.

Das Gedicht *El Canto de la Miel* (Gesang vom Honig) ist eine Hymne auf die mystische Macht des Honigs, in der die antiken, von Vergil herrührenden Träume vom Goldenen Zeitalter sich mit christlicher Bienensymbolik vereinen, um in moderner Poesie zu münden. Vergils Hirtenidylle der *Bucolica* samt ihrem poetischen Zubehör: Schalmei, Olivenbaum, Milch und Eicheln, verknüpft sich mit »Christuswort«, »Hostie« und christlicher Blutmystik im »leidenden Blut der Blumen«. Alles durchdringend ist das Verlangen nach Liebe. Die ganze Hymne findet sich in der »Wabe voller Gedichte« am Schluss dieses Buches, hier die ersten drei Strophen:

Der Honig ist Christuswort.
Das geschmolzene Gold seiner Liebe.
Das Jenseits des Nektars.
Mumie des Lichts im Paradies.

Der Bienenstock ist ein keuscher Stern,
Brunnen von Bernstein, der den Rhythmus nährt
all der Bienen. Weiblicher Schoß der Felder,
zitternd von Aromen und Summen.

Der Honig ist das Epos der Liebe,
Stofflichkeit des Unendlichen.
Seele und leidendes Blut der Blumen,
verdichtet durch einen anderen Geist.

In einem vom Weltkrieg verstümmelten Europa, als die Welt für immer im Chaos zu versinken droht, inmitten aller Zerstörungen stimmt der zwanzigjährige Dichter seine ekstatische Litanei des *Gesangs vom Honig* an. In ihm ist ein Wunsch nach Genesung hörbar, eine Utopie des erfüllenden Wortes, destilliert aus Träumen vom Goldenen Zeitalter und christlicher Heilserwartung, aus Liebessehnsucht und Naturseligkeit.

Das »Geheimnis des Kusses« (»In dir schläft die Melancholie, / das Geheimnis des Kusses und des Schreis«) lebt in dieser Honighymne genau wie in Mandelstams Beschwörung der Küsse im Gedicht aus der Zeit des russischen Bürgerkrieges, aber auch die dort beschworene Angst, die bei Lorca im »Geheimnis des Schreis« zum Ausdruck kommt. García Lorca gebärdet sich als jugendlicher Mystiker, aber in erster Linie ist er bereits Dichter. Mit zwanzig Jahren, von einer Lebenskrise erschüttert, versöhnt er Religion und Poesie und entdeckt hier seine wahre, sein künftiges Leben bestimmende Religion: die

Lyrik. So kommt nach allem religiösen Vokabular die Apotheose der Poesie zu, dem »genialen Extrakt des Lyrischen«. Der Gott dieses Gedichtes ist der Gott der Lyrik. Poesie und Honig werden eins:

> So ist der Honig des Menschen die Poesie,
> die aus seiner schmerzenden Brust strömt,
> aus einer Wabe mit dem Wachs der Erinnerung,
> geformt von der Biene des Intimen.

Der Gefahr des prunkenden Honig-Kitsches entgeht der Zwanzigjährige immer nur knapp, indem er das Hymnisch-Ekstatische durch unerwartete Bilder jäh bricht. Und der nächste Schritt: Anfang der zwanziger Jahre beginnt García Lorca mit kurzen, magischen, vom spanischen Volkslied wie vom japanischen Haiku inspirierten Gedichten zu experimentieren. Er schreibt eine Reihe bezaubernder lyrischer Texte, die er zu thematischen »Suiten« gruppiert. Sie blieben zu seinen Lebzeiten unveröffentlicht und kamen erst 1983 unter dem Titel *Suites* ans Tageslicht. Ein Gedicht kehrt verhalten noch einmal zurück zum *Gesang vom Honig*. Es trägt den Titel *Colmena* – Bienenkorb. »Wir leben in Zellen / aus Glas / im Bienenkorb der Luft! / Wir küssen uns / durch Kristall. / Wunderbarer Kerker, / dessen Tür / der Mond ist!«

Mandelstam und García Lorca – zwei Leuchttürme der modernen Poesie. Zwei Opfer gewalttätiger, totalitärer Mächte im 20. Jahrhundert. Der eine kam am 27. Dezember 1938 in Stalins eisigem Gulag-Dschungel ums Leben, in einem Transitlager für Zwangsarbeiter bei Wladiwostok. Der andere starb am 19. August 1936 in Víznar bei Granada, zu Beginn des spanischen Bürgerkriegs, unter den Kugeln General Franco ergebener Falangisten. Die stille Feier der Bienen-Küsse und der Gesang auf die alles verwandelnde mystische Kraft des Honigs verbindet beide. Küsse und Bienen im Bürgerkrieg, heilender Honig in den Wirren des Weltkriegs. Es sind – einmal russisch, einmal spanisch – magische Beschwörungen der Fülle, des glückenden Austauschs in Zeiten des Unglücks. Es sind poetische Miniatur-Utopien von zweien der wortmächtigsten Vertreter der modernen Poesie. Dichtern wurde seit je zugemutet, Orakel zu sein, Künder der Zukunft, Sprachrohr des Göttlichen. Zeit, endlich die Ursprünge dieses Glaubens zu beleuchten, den Einflüsterungen der antiken Bienen zu folgen.

Die Vögel der Musen

Die Römer schauten gerne in die Luft und ins Innere der Vögel. Immerzu hielten sie Ausschau nach »Vorzeichen«, betrieben Vogelflug- und Eingeweideschau zur Zukunftsdeutung. Das plötzliche Erscheinen eines Bienenschwarms wurde als Omen aufgefasst. Es wurde in das heikle und schwierige Unternehmen einbezogen, den Willen der Götter zu erfahren. Meist verkündete der Schwarm Unheimliches, eine Bedrohung, eine militärische Niederlage, baldigen Tod, Feuersbrünste und Hungersnöte. Er war ein verstörendes Phänomen, das man nicht richtig deuten konnte.

Lange vorher schon, bei den Griechen, wurden den Bienen hellseherische, prophetische Kräfte zugesprochen. Ihnen wurde die Fähigkeit zugetraut, die Zukunft vorauszusehen. Sie standen mit der Wahrsagekunst, mit dem Orakel in Verbindung. In einer homerischen Hymne an

Hermes wird im 8. Jahrhundert v. Chr. Honig als berauschendes Mittel bezeichnet, das die Hellseherei befördere. Der Seher werde dadurch fähig, höhere, aus der Götterwelt stammende Wahrheiten zu erfahren und zu verkünden. Pythia, die Orakelpriesterin in Delphi, die auf einem Dreifuß über einer Erdspalte saß, sich an den aufsteigenden Dämpfen berauschte und in Trance ihre Orakel stammelte, wurde als *Delphische Biene* bezeichnet. Als Biene, die die Wahrheit verkündete, auch wenn sich ihr Sinn erst viel später offenbaren mochte.

Der Gott des Orakels war Apollon. In seinem Tempel in Delphi stand der *Omphalos*, der Nabel der Welt. Er hatte verblüffend genau die Form eines Bienenkorbs … Apollon war auch der Führer der Musen, die der Dichter Meleagros im ersten Jahrhundert v. Chr. als »honigtriefend« bezeichnete. Beim römischen Gelehrten Varro werden die Bienen geradewegs als die heiligen »Vögel der Musen« (volucres musarum) bezeichnet. Apollon, der Beschützergott der Musen – dieser Garantinnen der Erinnerung, des Wissens, des Gesangs – war auch der Beschützer der Bienen.

Und ganz selbstverständlich der Gott der Dichter, der Gott all jener, deren entzückte Zungen den »süßen Honig« der Poesie und des Gesangs produzierten. Schönheit der Sprache wurde früh mit Honig assoziiert. In der *Ilias* (Ende 8. Jh. v. Chr.) sagt Homer von Nestor, dass »die Rede süßer als Honig von seiner Zunge strömte«. In Hesiods *Theogonie* (700 v. Chr.) wird die Muse Kalliope, die »Schönstimmige«, vorgestellt: Sie träufelt einem Fürsten »süßen Honigtau auf die Zunge, und gewinnende Worte entströmen seinem Mund«. Allgemein gilt bei Hesiod: »Gesegnet ist, wen die Musen lieben; süß strömt ihm die Rede vom Munde.« Wer mit Sprache und Poesie zu tun hat, kommt früher oder später auf das Bienen- und Honigthema, lieber Leser. Bestimmt hat nicht nur der Honig, sondern auch das Summen der Bienen diese Assoziation befördert. *Meli* (Honig) und *melos* (Lied) waren für den guten Griechen lautlich und semantisch eng verbunden. In jeder »Melodie« steckt noch die Erinnerung an den honigsüßen Ursprung.

Ein kapitaler Honigproduzent war der Dichter Pindar (520 bis 446 v. Chr.), der in »gottgegebenen Gesängen« Preislieder auf die Sieger in sportlichen Wettkämpfen schuf: Olympische, Pythische, Nemeische, Isthmische Oden – je nach dem Austragungsort der Spiele. Seine Gesänge waren Gaben für die Sieger, melodiöse Geschenke, von denen sich die Sportler erhoben und verewigt vorkommen durften. In der dritten Nemeischen Ode: »Ich mache dir dies / Geschenk, Honig vermischt mit / Milch, dazugemischt kommt Tau, / einen Sangestrunk im Ton äolischer Flöten …« Und in der zehnten Pythischen Ode kommentiert er sein eigenes Dichten, seine Sprunghaftigkeit, seine Lust, von einem Gegenstand zum andern zu gleiten, mit den ausschweifenden Aktivitäten der Honigbiene: »Dieser rühmenden Lieder Glanz / liebt es, wie die Biene von einem Gedanken zum anderen zu eilen.«

Eine antike Legende weiß zu berichten, dass bei Pindars Geburt Bienen um seine Lippen geflogen seien und dort eine Wabe gebaut haben. Der Dichter hat eben Gold im Mund: den Honig der Poesie. Dieselbe Legende existierte aber auch für Platon und Sophokles. Sowohl der Philosoph als auch der Tragödiendichter hatten für ihre Zeitgenossen goldene, von göttlichem Honig bestrichene Lippen. Wen immer die Griechen unter den Dichtern auszeichnen wollten, dem verliehen sie das Beiwort »Biene«.

So war Sophokles die »attische Biene«, Sappho – die »lesbische Biene«.

In Platons frühem, um 399 v. Chr. entstandenen Dialog *Ion* werden die Dichter direkt mit den Bienen verglichen, und ihre Poesie – mit dem Honig. Vermutlich hatte er es dem Dichter Simonides, einem Zeitgenossen Pindars, abgelauscht: »Aus bitterem Thymian sauge ich, der klugen Biene gleich, den süßen Honig meiner Dichtung.« Im *Ion* lässt Platon zunächst einen Rhapsoden und fahrenden Sänger auftreten. Doch er wird als plumper Schlagerinterpret, eitler Hohlkopf und Aufschneider vorgeführt, der den göttlichen Charakter des Gesangs vergessen habe. Dann springt Platons verehrter Lehrer Sokrates auf und hält eine flammende Rede auf das Schaffen der wahren Dichter, die in Ekstase, fern aller Vernunft und rationaler Kniffe, ihr gotterfülltes Werk vollbringen. Sokrates spricht von ihrem Enthusiasmus, wörtlich: ihrem »Vollsein-vom-Gotte«. Von ihrem Taumel, ihrem Rausch, ihrem Durchdrungensein von der göttlichen Botschaft:

Wenn die Gewalt der Harmonie und des Rhythmus über sie kommt, so geraten sie gleichsam in einen Taumel ... Denn sie selbst sagen uns ja, dass sie aus honigströmenden Quellen der Musen schöpfen. Sie sagen uns auch, dass sie aus den Gärten und Tälern der Musen Honig sammeln und uns so ihre Lieder bringen wie die Bienen den Honig. Sie sagen uns auch, dass sie gleich den Bienen umherflattern ... Denn ein Dichter ist ein luftiges, leichtbeschwingtes und heiliges Wesen und nicht eher imstande zu dichten, als bis er in Begeisterung gekommen und außer sich geraten ist und die klare Vernunft nicht mehr in ihm wohnt ... Deswegen bedient sich der Gott, indem er ihnen die klare

Besinnung raubt, ihrer … damit wir, die wir sie hören, wissen, dass nicht sie selbst, denen ja ein klares Bewusstsein nicht innewohnt, es sind, welche so Wertvolles zu uns reden, sondern dass der Gott selber es ist, der da redet und durch sie zu uns spricht.

Der entrückte Dichter bekommt damit eine religiöse Rolle, er wird zum Sprachrohr der Gottheit. Sokrates hält ein Plädoyer für ekstatische, irrationale Verzücktheit, Verrücktheit, beflügelnde Inspiration.

Das frühe Loblied auf die göttlich inspirierten Dichter hinderte Platon später allerdings nicht, sie in seinem Dialog *Der Staat* (um 370 v. Chr.) als unzuverlässige, wankelmütige, dem Irrationalen sich hingebende Gesellen aus seinem Entwurf des idealen Gemeinwesens zu verbannen. Er suchte nach dem gerechten Staatsgebilde, in dem eine perfekte Arbeitsteilung und Besitzlosigkeit herrsche, alles auf das Gemeinwohl ausgerichtet sei. Spätere Kritiker wollten in Platons Konzept einen totalitären, kommunistischen Staat erkennen. Doch Platon hatte einen Idealstaat vor Augen, wie er ihn in der Natur vorfand: den Bienenstock. Für die Dichter sah er darin keinen Platz mehr – hatte er Sokrates' flammende Rede vergessen, oder waren ihm die ewig berauschten Dichter inzwischen unheimlich geworden?

Trotz Platons Verdikt ließen sich die Dichter den Vergleich mit der Biene nicht mehr nehmen, sie hatten sich zu gern in diesem Spiegel erkannt. Selbst das Arbeitsethos der kleinen Tiere wurde für sie zum Vorbild. Unter den römischen Dichtern vergleicht sich Horaz (65 bis 8 v. Chr.) direkt mit der arbeitsamen, bedürfnislosen Biene: »Ich aber, nach der Biene Art und Weise, die herrlichen Thymian sammelt mit Mühe … reich an Arbeit und bescheiden forme ich meine Gesänge.«

Dasselbe Horaz-Gedicht ist eine überschwengliche Hommage an den erwähnten griechischen Dichter Pindar, der hier mit einem majestätischen Schwan verglichen wird, neben dem sich das mühsam arbeitende Bienchen Horaz bescheiden ausnimmt … So mancher spätere Dichter berief sich auf Horaz' Identifikation mit der Biene, sprach sich deren Sammelfleiß zu oder deren Kunst, aus dem Nektar verschiedenster Blüten ihren eigenen Honig zu zaubern.

Den Dichtern ging es – trotz aller Ausgrenzungsversuche vonseiten Platons – dennoch um Wahrheit, Wahrhaftigkeit. Der römische Dichter und Philosoph Lukrez (98 bis 55 v. Chr.) postuliert in seinem gewaltigen Lehrgedicht *Von der Natur* den Aufbau der Welt aus Atomen und die unendliche Vielzahl möglicher Welten. Er plädiert für Furchtlosigkeit gegenüber dem Tod und den Göttern und die Befreiung von jedem Aberglauben. Er ist ein großer Verneiner, will die Hinfälligkeit alles Existierenden beweisen, die Sterblichkeit der Seele, die Nichtigkeit der Liebe. Bei Liebeskummer empfiehlt er den Bordellbesuch. Sein Ziel ist die immerwährende Gemütsruhe.

Lukrez' verehrtes Vorbild war der Philosoph Epikur (341 bis 270 v. Chr.), dem er im dritten Buch eine grandiose Hommage darbringt. Er spricht den Philosophen aus Samos direkt an und vergleicht Epikurs »goldene Worte« mit den blühenden Blumen, aus denen der bienengleiche Leser seine geistige Nahrung beziehen könne: »Du bist unser Vater, der Entdecker der Wahrheit … und aus deinen Schriften, du Ruhmreicher, sammeln wir, genau wie die Bienen in blumenreichen Bergtälern, deine goldenen Worte ein.« Der Nektar der Wahrheit, der sich für ihn exklusiv in Epikurs Philosophie verkörperte, fand in Lukrez eine begeisterte Biene.

Sind also die Bienenliebhaber unter den Dichtern lauter Anhänger Epikurs, des Philosophen, der den Lebensgenuss, die Schmerzfreiheit als hohes Gut und ein stilles, selbstgenügsames »Leben im Verborgenen« pries? Bei Horaz zumindest könnte es stimmen. Denn der verglich sich nicht nur mit der fleißigen Biene, sondern in einem berühmten Brief an seinen Dichterkollegen Tibull auch mit einem anderen Tier: »Wenn du lachen willst, besuche mich – fett und glänzend findest du mich, die Haut wohl gepflegt – ein Schweinchen aus Epikurs Herde.« Horaz wollte in seinem von Maecenas geschenkten Landgütchen in den Sabinerbergen mit bescheidener Nahrung, Ziegenkäse, Oliven, Brot und Honig – und einem ausreichenden Büchervorrat! – Epikurs »Lebe im Verborgenen!« beherzigen und der städtischen Betriebsamkeit und allen politischen Umtrieben den Rücken kehren. Aber nein doch, enthusiastische Bienenverehrung war kein Privileg der Epikuräer von Lukrez bis Horaz. Auch bei der philosophischen Konkurrenz, den Stoikern, war sie zu finden.

Seneca lernt lesen (und Montaigne ist kein Thymian)

Noch ein Römer ist von kapitaler Bedeutung für die intellektuelle Biographie der Honigbiene: Lucius Annaeus Seneca (4 bis 65 n. Chr.), der in Cordoba geborene brillante Redner, Politiker, Staatsmann, der ab 31 n. Chr. in Rom lebte. Er wurde Erzieher des jungen Nero, dann sogar Regent für den minderjährigen Kaiser, gelangte zu Ruhm und Reichtum, wurde jedoch wegen angeblicher

Beteiligung an einer Verschwörung im Jahr 65 vom despotischen Nero zum Selbstmord gezwungen. Ein Leben voller Glanz und Schicksalsschläge, gesundheitlicher Probleme, Kämpfe und bitterer Enttäuschungen …

Seneca war ein stoischer Philosoph und weiser Mann, der *Vom glücklichen Leben* und *Von der Kürze des Lebens* schrieb und in den *Briefen an Lucilius*, seinen geistigen Freund, Ermahnungen und Ratschläge großzügig verteilte. Im vierundachtzigsten dieser Briefe legt er dar, was der Empfänger von den Bienen lernen könnte. Nein, diesmal nicht den sprichwörtlichen Fleiß, sondern nicht weniger als – Lesen und Schreiben. Die Bienen erteilen den antiken Schriftstellern also auch noch Tipps in Sachen Schreibhandwerk.

Seneca preist das Lesen allgemein (»Lesen gibt dem Geist Nahrung«), sieht im Lesen sogar die Voraussetzung des Schreibens. Was man durch Lesen nur eingesammelt habe, solle man im Schreiben zu einem eigenen Ganzen formen. Hier bringt er die Bienen ins Spiel: »Wir müssen uns die Bienen zum Vorbild nehmen.« Nur Blütensaft einbringen genüge nicht. Der Nektar müsse durch ein Gärmittel (»fermentum«), wie es die Bienen ihm beimischen, in haltbaren Honig verwandelt werden. Die verschiedensten Lesefrüchte sollen zu einem einheitlichen Geschmack zusammenfließen, sich in ein eigenes, neues Ganzes verwandeln. Ob physische Speisung oder geistige Nahrung: »Wir müssen es verdauen; sonst bereichert es nur unser Gedächtnis, nicht unseren Geist.« Das Gärmittel des Schreibens ist der eigene Stil. Die Bienen verkörpern somit eine natürliche Anregung zur Herstellung des Eigenen, Unverwechselbaren.

Die antiken Bienen gaben ihren Honig großzügig weiter. Kein Wunder, dass man in der von der Antike berauschten Renaissance diesen Honig besonders gerne in Empfang nahm. Der bedeutendste Dichter der französischen Plejade, Pierre de Ronsard (1524 bis 1585), verglich sich in einem Gedicht an seinen Kollegen Jean Passerat mit der prächtigen Biene und grüßt zugleich sein Vorbild Horaz über die Jahrhunderte hinweg: »Mein Freund, ich will der Honigbiene gleichen, / Die bald die rote Blume mag erreichen / Und bald die gelbe; fort von einer Wiesenwelt / Hinaus zur nächsten streift, wie's ihr gefällt, / Für ihren Winter Proviante pflückend; / So bin auch ich, glaub mir …«

Senecas Ratschläge wurden eifrig gehört, und zwar von einem ganz besonderen Leser. Er ist der berühmteste Aussteiger der Kulturgeschichte. Sein Name: Michel de Montaigne (1533 bis 1592). An seinem achtunddreißigsten Geburtstag, im Jahr 1571, beschließt der Magistratsbeamte in Bordeaux, den weltlichen Pflichten den Rücken zu kehren und sich im Bücherturm seines Schlösschens bei Castillon im Périgord übers Papier zu beugen. Sein Ziel ist die Menschenkenntnis durch Selbsterkenntnis. Mit seinen *Essais,* den »Versuchen«, erschienen 1580 und erweitert 1588, war er der Erfinder des modernen Essays. Die Bewunderer dieser »Bibel für Skeptiker« waren und sind Legion. Einer von Montaignes Lieblingsautoren ist Seneca, dessen Werk er kennt wie kaum ein anderer in seiner Zeit. Den vierundachtzigsten Brief an Lucilius verwahrt er behutsam im Gedächtnis. Im 26. Essay, den er der Erziehung widmet, schreibt er, wie die Welterkenntnis eines Lernenden vor sich geht.

Die Bienen holen sich von hier- und dorther aus den Blumen die Beute, aber daraus machen sie Honig, und der gehört ihnen voll und ganz: Das ist kein Thymian mehr, kein Majoran. So soll auch der Zögling alles, war er anderen entlehnt hat, sich anverwandeln und zu einem voll und ganz ihm gehörenden Werk verschmelzen: zu seinem eigenen Urteil.

Montaigne gibt hier nicht nur pädagogische Ratschläge, sondern kommentiert auch seine eigene Arbeitsweise, das Werk des »Essayisten«: Bei zahlreichen antiken Autoren sammelt er Gedanken und Weisheiten, als sei es der Nektar, den er bei diversen Blüten abholt, verwandelt aber das Vorgefundene in etwas Neues und schafft daraus seinen eigenen geistigen Honig. Montaigne applaudiert hier Seneca. Seine Essays aber sind purer Montaigne, das ist nicht mehr »Thymian noch Majoran«.

Jeder Essayist ist Montaignes bescheidener Nachfahr, jeder ein diverse Blüten besuchender Nektarsammler und Honigproduzent. Überhaupt ist der Essay denkbar beweglich, ausschwärmend wie die Bienen. Aus Sprunghaftigkeiten sei Montaignes Stil gemacht, schreibt er: »Ich bin auf Abwechslung aus, hemmungslos und aufs Geratewohl. Mein Stil schlendert umher wie mein Geist.« Der Essayist also – ein Streuner und Schwärmer, und der Essay – eine Blütenwiese für die beflügelte Leserbiene.

Dichter, Denker und Wissenschaftler haben Montaigne verschlungen und seine im Turm geborenen Lektionen für sich ausgelegt – seine Essays waren im 17. Jahrhundert ein europäischer Bestseller. Francis Bacon (1561 bis 1626), der als Vater der modernen Naturwissenschaft gilt, war Empiriker, Prophet der genauen Beobachtung, der fortschrittsgläubigen Naturbeherrschung. Er vertrat die stolze Devise »Wissen ist Macht« und schuf die hochgemute Wissenschaftsutopie *Nova Atlantis* (1614). In seinem *Neuen Organon* von 1620 skizziert er die verschiedenen Wissenschaftler- und Erkenntnistypen. Im ersten Buch, Aphorismus 95, schildert er die Empiriker als Ameisen, die ständig Material zusammentragen. Die Dogmatiker, »die die Vernunft überbetonen«, vergleicht er mit Spinnen. Beides jedoch sei keine wirkliche Wissenschaft. Es gehe nämlich darum, wie die Biene Nektar zu sammeln und diesen dann zu Honig zu verarbeiten: »Das Verfahren der Biene liegt in der Mitte: Sie zieht den Saft aus den Blumen des Gartens und der Felder, verdaut und verwandelt ihn jedoch aus eigener Kraft. Ganz ähnlich geht die Philosophie vor … sie verändert den Stoff und verarbeitet ihn durch den Geist.« Aus der Verbindung beider Fähigkeiten, der experimentellen und der vernunftbetonten, will Francis Bacon »gute Hoffnung beziehen«.

So ist die Honigbiene also zum Vorbild für den modernen Wissenschaftler geworden. Sowohl Philosophen – von Sokrates und Lukrez bis Seneca und Montaigne – als auch Dichter – von Pindar und Horaz bis Ronsard – haben sich in diesem wahrlich polyvalenten Insekt erkennen wollen. Doch die Dichter haben einfach den längeren Atem, die bessere Ausdauer im Flug durch die Zeit – selbst wenn sie früher sterben. Noch im 18. Jahrhundert, in der Zeit der Aufklärung, wird sich der Dichter André Chénier (1762 bis 1794), der sich gegen die Hinrichtungsexzesse der französischen Revolution auflehnte und schließlich selber aufs Schafott geführt und enthauptet wurde, im Gedicht *Lycoris* an die antiken Spiegelungen erinnern: »Also, als lärmende Biene, wenn der Morgen wiederkommt, / werde ich zu Honig verwandeln die Köstlichkeiten des Thymians« (Ainsi, bruyante abeille, au retour du matin, / Je vais changer en miel les délices du thym). In seinem zentralen, den Voraussetzungen der Poesie nachsinnenden Gedicht *Die Erfindung* (L'Invention) beschwor Chénier ein neues dichterisches Schaffen aus den kostbaren antiken Quellen des Griechentums, ein fruchtbares, produktives Verwandeln der »antiken Blumen« in den »modernen Honig« neuer Gedanken: »Verwandeln wir in unseren Honig ihre höchst antiken Blumen« (Changeons en notre miel leurs plus antiques fleurs).

Lassen Sie uns, Mister Beekeeper, von diesem Ausflug zu den antiken Bienen der Philosophen und Dichter in den Bienenstock der modernen Poesie zurückkehren, in dem wir mit Mandelstam und García Lorca bereits angekommen waren. Wer nie wegfährt, lieber Boris, kehrt nie wieder. Nur wer ausschwärmt – das weiß jede Bienenkönigin – gewinnt für seinen Bienennachwuchs die Zukunft.

Wir sind die Bienen des Unsichtbaren

Seit der Antike also hatten die Dichter ein besonderes, beinah intimes Verhältnis zur Honigbiene, weil sie die Kraft zur Verwandlung verkörperte, die erstaunliche Fähigkeit, aus dem Nektar durch eigenes Zutun etwas Neues und Haltbares zu schaffen. Sie war schlicht das Emblemtier von Poesie und Kultur. Noch im 20. Jahrhundert webt die zarte Erinnerung an die antiken Bienengleichnisse. Rainer Maria Rilke schrieb am 13. November 1925, ein gutes Jahr vor seinem Tod, von seinem Refugium aus, dem Schlösschen Muzot im Wallis, seinem polnischen Übersetzer Witold Hulewicz einen Brief, der zu seinem wichtigsten Selbstkommentar wurde (»Ich weiß nicht, ob ich je mehr sagen könnte«). Der Brief kreist um das tiefe Anliegen seiner atemberaubenden,

1922 abgeschlossenen *Duineser Elegien,* mithin um den Höhepunkt seines Schaffens. Nie ist Rilkes pure Dichtungsmystik knapper und poetischer ausgedrückt worden als von ihm selbst:

> Wir sind die Bienen des Unsichtbaren. *Nous butinons éperdument le miel du visible, pour l'accumuler dans la grande ruche d'or de l'Invisible.* [Wir sammeln selbstvergessen den Honig des Sichtbaren, um ihn anzuhäufen im großen goldenen Bienenstock des Unsichtbaren]. Die »Elegien« zeigen uns an diesem Werke, am Werke dieser fortwährenden Umsetzungen des geliebten Sichtbaren und Greifbaren in die unsichtbare Schwingung und Erregtheit unserer Natur …

Rilke verehrt im kleinen Insekt die Kunst der Metamorphose des Stofflichen. Dass das »Sichtbare und Greifbare« hier gewürdigt wird, ist offensichtlich, es wird rückhaltlos bejahend als das »Geliebte« bezeichnet. Gleichzeitig ist spürbar, dass Rilke den »großen goldenen Bienenstock des Unsichtbaren«, den Honig des nur mystisch Erfahrbaren, das Ungreifbare, in Schwingung und Erregung Versetzende für wertvoller hält. Das Wesentliche der Dichtung ist diese geheimnisvolle Dimension der Verwandlung. »Wir sind die Bienen des Unsichtbaren«: ein immergültiger poetischer Steckbrief, eine metaphysische Visitenkarte der Dichter.

Aber nicht jeder von ihnen hat sich so klar und vorbehaltlos mit der Biene identifiziert. Es gab mindestens einmal auch entschiedenen Einspruch von einem Dichter, der sich lieber als die wartende, von der Bestäuberin zu befruchtende Blume sah denn als Biene: der englische Romantiker John Keats (1795 bis 1821). In seinem Brief an John Hamilton Reynolds vom 19. Februar 1818 schreibt er: »Der alte Vergleich mit dem Bienenstock sollte uns Ermutigung sein, doch scheint mir, dass wir eher die Blume als die Biene sind … Darum wollen wir nicht umhertasten und bald hier, bald dort wie Bienen herumschwirren und Honig sammeln und ungestüm einem Ziel nachjagen: Den Blumen gleich wollen wir unsere Blütenblätter öffnen, passiv und empfänglich sein, geduldig unter Apolls Auge blühen und der Weisungen der feinen Flügelwesen harren, die uns mit ihrem Besuch beglücken.«

Passiv und empfänglich sein, der Weisungen harren, beglückt werden … Das ist keine Rolle, die traditionell den männlichen Dichtern zugedacht wurde. Keats zeichnet ein bewusst weibliches Bild des romantischen Dichters in diesem Plädoyer für Passivität und Empfänglichkeit. Doch die Poesie mag keine Klischees. In ihr ist das öde Zweiparteiensystem der Geschlechter ohnehin immerzu dabei, abgeschafft zu werden. In der zweiten Hälfte des 19. Jahrhunderts wird eine amerikanische Dichterin eine stille poetische Bienenkönigin sein und Gewichtiges zum großen, zu Unrecht männlich dominierten Bienenstock der Weltpoesie beitragen.

Sie ist eine Dichterin kleiner poetischer Sprengsätze, eine skeptische Rebellin, letzte Heilige der amerikanischen Literatur, so rätselhaft, dass einem schwindlig werden könnte. Ihr Name: Emily Dickinson. Ganze zehn Gedichte wurden zu ihren Lebzeiten gedruckt, anonym und ohne ihre Zustimmung. Zehn von insgesamt 1789! Am 15. Mai 1886 starb sie in Amherst, Massachusetts, im Alter von fünfundfünfzig Jahren im selben Haus, in dem sie 1830 auch geboren wurde. Ihr Leben verlief kaum außerhalb dieses Zwergreiches (plus Garten). Im letzten Lebensjahrzehnt verkehrte die »Eremitin von Amherst«

mit Besuchern nur noch durch den Türspalt ihres Zimmers und hielt die Welt auf Distanz. Sie wurde eine Biene des Unsichtbaren in einem ganz anderen als dem von Rilke behaupteten Sinne.

Keine schrillen Katastrophen, kaum äußere Lebensereignisse, doch geträumt wurde heftig in dem winzigen Palast der Poesie. Von der Freiheit, andere Orte zu wählen, von Ausflügen und Höhenflügen – ganz nach Bienenvorbild (Nr. 1056):

Wär ich nur endlos unterwegs
So wie im Gras die Biene
Zu Gast nur wo es mir gefällt
Und mich besuchte keiner
(…)

Ich sagte »Einfach Biene sein«
Auf einem Floß aus Luft
Taglang im Nirgendwo zu rudern
Zu ankern »weit vom Schuss« …

Die beharrlich dichtende Zimmerbewohnerin träumt davon, »überall ein wenig zu wohnen«, und das große Projekt eines Lebens könnte schlicht lauten: »Einfach Biene sein.« Doch die kluge Skeptikerin wäre nicht die hintergründige Dichterin, die man mit dem Namen Emily Dickinson verbindet, wenn sie diese Utopie der Freiheit schließlich nicht doch hinterfragen würde. Jede Freiheit ist nur scheinhafte Freiheit. Die illusionslose Schlusspointe lautet: »O Freiheit! Glauben die Gefangenen / In enger Kerkergruft.«

Immerhin ist träumen auch in einem noch so engen Kerker erlaubt. Und tatsächlich hebt Emily Dickinson in einem ihrer berühmtesten Gedichte (Nr. 1779) zu einem zarten Manifest der Träumerei an, zu einem poetischen Programm, das die Autonomie der Vorstellungskraft feiert (ich zitiere die Übertragung von Gunhild Kübler):

Für eine Wiese braucht es Klee und Bienen,
Je eins von ihnen,
Und Träumerei.
Die Träumerei tut's auch allein,
Bei wenig Bienen.

Poesie ist karge Selbstversorgung, eine erleuchtete Selbstbeschränkung, wortwörtliche Sparsamkeit auf engstem Raum, die sich für Emily Dickinson nicht einmal in die Abhängigkeit der – von ihr geliebten – Bienen begeben will, denn: »Die Träumerei tut's auch allein.« Doch unverkennbar ist, dass ungezählte Bienen in den Gedichten Emily Dickinsons summen, und immer wieder nimmt die Träumende die Bienenperspektive ein: »Was sind im Klee für Häuser / Den Bienen zugedacht / Welch blaue Bauten gibt es / Für Falter und für mich« (Nr. 1358). So lebte sie eine stille lyrische Bienenverehrung mit innigen Spiegelungen. Sie wollte »einfach Biene sein« und weiß in einem Zweizeiler (Nr. 808), dass es doch nie möglich sein wird: »Die schönen Blumen machen mich verlegen, / Wie schade, kann ich nicht als Biene leben.«

Ihre Spezialität war die »Träumerei«, nicht die Imkerei. Ein Jahrhundert nach ihr jedoch wird eine andere amerikanische Lyrikerin zur praktizierenden Imkerin. Und gibt davon auch noch in ihrem wichtigsten Gedichtbuch Auskunft. Es ist Sylvia Plath (1932 bis 1963). Ihr dramatisches Ende überstrahlte jahrzehntelang grell das Licht ihrer Lyrik. Mit dreißig Jahren beging sie Selbstmord, drehte in ihrer Verzweiflung den Gashahn auf, während ihre beiden Kinder im Zimmer darüber schliefen. Für den

Feminismus wurde sie zur gehätschelten Märtyrerinnenfigur und exemplarischen Opferfrau.

Als sie sich am 11. Februar 1963 an der Fitzroy Road 23 in London umbrachte, lag ein fertiges Typoskript mit vierzig Gedichten auf dem Küchentisch, das ihr – wenn auch postum – den ersehnten Weltruhm einbrachte. Plaths von ihr getrennt lebender Ehemann Ted Hughes, selber ein berühmter Dichter, gab den legendären Band *Ariel* 1965 heraus, jedoch in eigenmächtig veränderter Gestalt und Anordnung. Er entfernte Texte, fügte andere hinzu, die in Plaths letzten Lebenswochen entstanden waren. Erst 2004, sechs Jahre nach Ted Hughes' Tod, gab die gemeinsame Tochter Frieda die ursprüngliche Fassung des phänomenalen *Ariel* heraus. Nun standen nicht mehr düstere Abrechnungen und Zeugnisse schierer Verzweiflung am Schluss des Bandes, sondern – vier Bienengedichte. Bewegende sprachliche Gebilde, die eine scheue Hoffnung zuließen. Es ist das sonderbare lyrische Tagebuch einer zeitweiligen Bienenzüchterin.

In *Das Bienenmeeting* wird ein im ländlichen Devon absolvierter Imkerlehrgang beschworen, die quasi-religiöse Initiation in die Bienenwelt, samt rituellem Anlegen der Schutzkleidung: »Jetzt bin ich ein knolliger Seidenblütler, unbemerkt von den Bienen. / Sie werden sie nicht riechen, meine Angst, meine Angst, meine Angst.« Im nächsten Gedicht erfolgt die *Ankunft der Bienenkiste*, ein Ereignis, das die Dichterin misstrauisch und verunsichert auf die Geräusche der Bienen horchen lässt: »Das Rauschen ist es, das mich am meisten entsetzt. / Die unverständlichen Silben./ (…) Ich lege mein Ohr an das erzürnte Latein.« Im Gedicht *Stiche* spricht sie die Bienen mehrmals als »Frauen« an, als »geflügelte, unauffällige Frauen, Honig-Sklavinnen«. Sie spiegelt sich verhalten in ihnen und legt dennoch eine entschiedene Distanz zwischen sich und die Tiere: »Werden sie mich hassen, / Diese Frauen, die immer nur hasten, / Deren Neuigkeit die geöffnete Kirsche, der geöffnete Klee ist?«

Dann das letzte und schönste Gedicht. Alissa Walser hat sich der deutschen Übertragung angenommen. Lies es nach, lieber Lyrikleser, in der »Wabe voller Gedichte« am Schluss dieses Buches und Bienenstocks. Es verkündet schon mit seinem Titel *Überwintern* ein Programm: Durchhalten, der Kälte trotzen, Genügsamkeit in der blumenlosen Kargheit: »Sie leben von Raffinade statt Blumen. / Sie nehmen es, wie es kommt. Die Kälte setzt ein.« Die lyrische Bienenzüchterin, die um das Überleben ihrer Bienen in diesem Winter bangt, verfällt völlig der Macht der Bienen: »Sie sinds, die mich besitzen.«

Tatsächlich war es der kälteste Winter Englands seit Kriegsende, mit klirrendem Frost, Bergen von Schnee. Kälte wird zur Metapher auch für Plaths neue Lebenssituation mit einer zerbrochenen Familie. Die bange Frage »Wird der Schwarm überleben, wird es den Gladiolen / Glücken, mit ihrem Feuer zu haushalten, / Um es ein weiteres Jahr zu schaffen?« mündet allem zum Trotz in die Schlusszeile: »Die Bienen fliegen. Sie probieren den Frühling.« Sylvia Plath selber jedoch mutete sich weniger Flügelkraft zum erneuten Ausflug zu. Sie wählte den raschen Ausgang. Dennoch lautet das allerletzte Wort in *Ariel* unabweisbar: Frühling. Mag das reale Leben im Selbstmord enden, die Poesie wählt ein anderes Wort für den Schluss.

Ted Hughes, der jahrzehntelang als untreuer Ehemann und eigenmächtiger Nachlassverwalter verschriene Dichter-Rivale, legte 1998, wenige Monate vor seinem Tod, seine Gedichtsammlung *Birthday Letters* vor. Sie bedeutete literarische Trauerarbeit, einen bilderreichen Rechenschaftsbericht, den Versuch, den Sinn einer Tragödie zu verstehen. Auch Sylvia Plaths Bienenpassion wird beschworen in dem Gedicht *Der Bienengott:* »Als du Bienen haben wolltest, hätte ich nicht mal im Traum ahnen können, / Dass damit dein Vater aus dem Brunnen heraufkam.« Tatsächlich ist Sylvia Plaths Familiendrama eng mit dem Bienenthema verbunden. Mit acht Jahren verlor sie ihren Vater. Das Trauma des frühen Verlustes, die schwer auszuhaltende Spannung zwischen Vatervergötterung und Vatermord, die Hassliebe zu ihrem in Gedichten beschworenen »Daddy« – all dies lieferte einen, vielleicht sogar den wichtigsten der dunklen Stränge ihrer Lyrik. Das Gedicht *Die Tochter des Bienenzüchters* von 1959 hatte verstörende Inzestphantasien vorgeführt: Die Tochter ist Bienenkönigin und Braut, der Vater wird zum Bräutigam. Und Otto Plath, der im wirklichen Leben tatsächlich ein Bienenexperte war, erhält im Gedicht den Titel: »Maestro der Bienen«.

Welch eine unheilvolle Voraussetzung für das Leben eines Paares – genau das ist der Hintergrund von Ted Hughes' Gedicht *Der Bienengott.* In ihm wird der Sprechende zum Opfer aggressiver Bienen: »Flog eine einzelne Biene, blinder Pfeil, / Übers Hausdach und wieder herab / Und stach mich in die Braue, rief nach Helfern, / Die kamen – / Fanatiker ihres Gottes, des Gottes der Bienen, / Taub für dein Flehen wie die Fixsterne / Auf dem Grund des Brunnens.«

Die erlittenen Stiche werden zur Metapher für die Verletzung durch eine desaströse Vatergeschichte der einst geliebten Frau. Der Bienengott wird zur strafenden Instanz. Im Namen des Vaters … Dass das zerrissene Dichterpaar noch über den Tod hinaus über das Bienenthema lyrisch miteinander korrespondierte, zeigt, wie unumgehbar es für beide war. Die Bienen stehen hier für gefährliche, potentiell aggressive Dämonen und die traumatisierenden Gespenster der Vergangenheit, die plötzlich »aus dem Brunnen« heraufkommen können. Die Rachefurien des Feminismus machten sich dann noch einmal wie wütende Bienen über Ted Hughes her. Die Bienengefahr war doppelt akut. Der entfesselte Bienengott kennt keine Gnade. Und er waltet auch im scheinbar ewigen Kampf der Geschlechter.

Napoleons goldgestickte Träume

Die Geschichte des Geschlechterkampfs kennt aber auch lustige Irrtümer. Es sind die süßen Treppenwitze der Kulturgeschichte. Einen prächtigen verdanken wir dem um 700 v. Chr. in Askra in Böotien geborenen Ackerbauern und Dichter Hesiod, einem Uralt-Klassiker der griechischen Literatur und Schilderer des bäuerlichen Alltagslebens in seinem Lehrgedicht *Werke und Tage*. Es ist der erste Vertreter der Ratgeberliteratur und enthält Ermahnungen an die Adresse von Hesiods liederlichem Bruder Perses, der sein Erbteil verprasst hatte und nun auch die andere Hälfte haben wollte. Hesiod ruft ihn zur Besinnung, preist redliche Arbeit und ehrliche Anstrengung, warnt vor Falschheit und Anmaßung in einem »Eisernen Zeitalter«, das von Rücksichtslosigkeit und Verrohung geprägt sei.

Hesiod war aber auch ein wichtiger Überlieferer der griechischen Mythologie in seinem Werk *Theogonie*. Es schildert die Entstehung der Welt, Ursprung und Werden der Götter. Eine der dramatischsten Episoden ist der Mythos von der Büchse der Pandora (Verse 570-616). Hesiod erzählt, wie Zeus in seiner göttlichen Allmacht schwer beleidigt war, dass Prometheus sich angemaßt hatte, für die Menschen das Feuer zu stehlen. Der Göttervater ließ darauf durch den Schmied Hephaistos hinterlistig eine unwiderstehliche Frauengestalt schaffen: Pandora, »das erste Weib«. Es war ein durchtrieben »schönes Übel«, damit sich die Menschen über das von Prometheus geschenkte Feuer nicht allzu sehr freuen sollten. Dann folgt bei Hesiod ein Ausfall von panischer Frauenfeindlichkeit – unter Zuhilfenahme eines »Beweises«, den die Verhältnisse im Bienenstock liefern sollten. Der fleißige Ackerbauer und große Mahner Hesiod geißelt blindwütig die nichtsnutzigen Drohnen – von denen er allerdings annahm, es seien Weibchen.

Von ihr (Pandora) kommt das schlimme Geschlecht, stammen die Scharen der Weiber, ein großes Leid für die Menschen … Wie in gewölbten Stöcken die Bienen Drohnen ernähren, die sich einig sind in jeder Bosheit, jene aber sich den ganzen Tag bis Sonnenuntergang ständig mühen und weiße Waben bauen, während die Drohnen drinnen bleiben im hohlen Stock und sich fremde Mühe in den Bauch stopfen, gerade so schuf der hochdonnernde Zeus zum Übel der sterblichen Männer die Frauen, die einig sind im Stiften von Schaden.

Schwer arbeitende Männer, faule, verfressene, schadenfreudige Weiber … Dass es im Bienenstock in Wirklichkeit genau umgekehrt ist, hätte den redlichen Bauern Hesiod vom Stuhl gehauen. Er beweist exakt das Gegenteil dessen, was er mit einem Beispiel aus der Natur belegen wollte.

Vermeintlich inexistenter Königinnen-Sex und jungfräulich-mysteriöser Bienen-Eros haben die Menschen geraume Zeit schwer verwirrt. Das Oberhaupt des Bienenstaates galt jahrtausendelang, in der Antike und das ganze Mittelalter hindurch, als »Weisel«, als Bienenkönig. Im 17. Jahrhundert war es endlich soweit. Charles Butler ahnte in der ersten wissenschaftlichen Abhandlung über die Honigbiene, *The Feminine Monarchy* (1609), das wahre Geschlecht ihrer Majestät. Aber den Beweis konnte er noch nicht liefern. Erst der holländische Naturforscher Jan Swammerdam (1637 bis 1680) machte, als er erstmals Bienen sezierte, eine verblüffende Entdeckung unter dem Mikroskop. Er stellte bei einem vermeintlichen Bienenkönig Eierstöcke und Eileiter fest. Und erkannte, dass die staatliche Verfassung des Bienenstocks nicht auf männlichem Königtum, sondern auf »Mutterschaft« beruht.

Die Bienen wurden in der Folge auch noch zu Kronzeuginnen für das Matriarchat. Johann Jakob Bachofen (1815 bis 1887), der Basler Jurist und Altertumsforscher, ließ sich in seinem 1861 erschienenen Hauptwerk *Das Mutterrecht* solchen Zuspruch aus dem Reich der Natur selbstverständlich nicht entgehen:

Das Bienenleben zeigt uns die Gynäkokratie in ihrer klarsten und reinsten Gestalt … So stammen alle Glieder des Stocks von Einer Mutter, aber von einer größeren Anzahl Väter … Ist die Königin tot, so lösen sich alle Bande der Ordnung … Durch diese Eigenschaften ist der Bienenschwarm das vollständigste Vorbild der ersten menschlichen, auf der Gynäkokratie des Muttertums beruhenden Vereinigung ... Daher erscheint nun die Biene mit Recht als Darstellung der weiblichen Naturpotenz.

Der Bienenstaat war für Bachofen ein traumhaft passendes Modell für seine – sofort heftig umstrittene – Theorie des Matriarchats, die von Frauenrechtlerinnen wie von exaltierten Dichtern freudig aufgegriffen wurde. Sogar in der komplexen Geschichte des Geschlechterkampfs hat die Biene also eine nicht unbedeutende Rolle gespielt.

Doch was bedeutet der seltsame Begriff »der Bien«? Gemeint ist damit keine männliche Biene, also Drohne, sondern eine Gesamtheit. Der Imker und Schreinermeister Johannes Mehring (1815 bis 1878) verkündete, das Bienenvolk sei im Grunde ein »Einwesen«: Die Arbeitsbienen seien der Gesamtkörper, seine Erhaltungs- und Verdauungsorgane, während die Königin den weiblichen, die Drohnen den männlichen Geschlechtsorganen entsprächen. Diese Sichtweise, eine Bienenkolonie als ein unteilbares Ganzes, als einen lebendigen Organismus zu begreifen, führte zum Begriff des »Bien«. So hat das männliche Geschlecht, wenn auch nur grammatikalisch, wieder sein Recht bekommen. Aber daraus wird nie wieder ein König werden! Der amerikanische Biologe William Morton Wheeler schließlich führte 1911 den Begriff des »Superorganismus« ein für das organische Ganze einer Bienenkolonie – die eigentlich eine große Gebärmutter darstelle.

Im selben 17. Jahrhundert, als Swammerdam etwas völlig Neues und Überraschendes unter dem Mikroskop sah, kam es zu einem weiteren spektakulären Fund, allerdings auf einem völlig anderen Gebiet. Am 27. Mai 1653 stieß ein Arbeiter beim Friedhof der Kirche Saint-Brice in

Tournai (im heutigen Belgien) auf eine mit zahlreichen Kostbarkeiten gefüllte Grabkammer der Merowinger. Es war eine archäologische Sensation: Neben einem Prunkschwert, einem goldenen Stierkopf, zahlreichen Schmuckstücken aus Gold und Email – insgesamt achtzig Kilogramm Gold! – fand sich ein Ring mit einer Gravur: *CHILDERICI REGIS*. Childerich I. (um 436 bis 482), der Vater des um das Jahr 500 in Reims christlich getauften Chlodwig, umgab sich mit Bienendarstellungen als Herrschaftssymbolen. Sein Grab sprach eine deutliche Sprache, denn noch etwas fand sich darin: dreihundert Bienen aus Gold! Kleine, fein ziselierte Schmuckstücke mit roten Edelsteinen, die auf den (nicht erhaltenen) Königsmantel geheftet waren. Der Schatz gelangte zunächst in den Besitz der Habsburger nach Wien, dann wurde er dem Sonnenkönig Ludwig XIV. zum Geschenk gemacht, der ihn der *Bibliothèque Royale* zur Aufbewahrung anvertraute.

Doch anderthalb Jahrhunderte später kam es zu einem königlichen Krimi. Der gesamte Childerich-Schatz wurde in der Nacht vom 5. auf den 6. November 1831 gestohlen, und die achtzig Kilo Gold blieben (fast) ohne Spur, weil sie vermutlich eingeschmolzen wurden. Man fand einzig ein paar Krümel des Schatzes in der Seine, darunter zwei der dreihundert Childerich'schen Goldbienen, die den Dieben aus den Taschen gefallen waren oder in der Hast weggeworfen wurden. Sieht man von ein paar schönen Stichen ab, die bei der Entdeckung der Grabkammer angefertigt wurden, und einigen Faksimiles, die sich die Habsburger zur Erinnerung an den weiterverschenkten Schatz anfertigen ließen, löste sich Childerichs sensationeller Grabreichtum in Luft, beziehungsweise geschmolzenes Raubgold auf.

Jemand hatte sich kurze Zeit zuvor jedoch sehr lebhaft für den Childerich-Schatz interessiert: Napoleon Bonaparte. Zwar war – nach antikem römischem Vorbild – der Adler das Machtsymbol des *Empire*. Doch Napoleon suchte ein heraldisches Wahrzeichen für seine Dynastie. Es sollte das alte Königssymbol, die weiße Lilie, die jahrhundertelang die französischen Könige schmückte, ein für alle Mal ersetzen. Allerdings bleibt anzumerken, dass auch die weiße Lilie im Grunde kein Blumensymbol, sondern eine immer abstraktere Darstellung von Bienenkörper und Bienenflügeln bedeutete. Napoleon war besessen vom neuen Bienensymbol, das an die Königswürde der Merowinger und Karolinger anknüpfen und damit seine eigene Legitimation befördern sollte, denn er war von eher bescheidener Herkunft. Also ließ er mit goldgestickten Bienen seinen prunkvollen Krönungsmantel von 1804 verzieren, seine Teppiche, Geschirr, Münzen, allerlei persönliche Gegenstände. Das Napoleonische Bienensymbol musste allgegenwärtig sein! Childerichs Goldschatz wird ein paar Jahre später aus der Geschichte verschwinden, aber dessen dreihundert feine Bienen hatten den neuen Kaiser der Franzosen mächtig inspiriert.

Gerettet haben sie ihn nicht: 1814 wurde er abgesetzt und nach Elba verbannt, die Herrschaft der hundert Tage endete 1815 im Desaster von Waterloo, 1821 starb Napoleon auf Sankt Helena. Sein Neffe, Napoleon III., versuchte letztlich glücklos, an das Wirken seines Onkels und dessen dynastische Bienenträume anzuknüpfen. Er war von 1852 bis 1870 der zweite – und letzte – Kaiser der Franzosen. Nach der Schlacht von Sedan und der Niederlage im deutsch-französischen Krieg 1870 ging er ins englische Exil und starb dort 1873. Mit ihm erlosch das von Napoleon gehätschelte dynastische Wahrzeichen. Die Biene hatte als Herrschaftssymbol ausgedient. Aber noch die moderne Bezeichnung »Hexagone« für Frankreich –

das »Sechseck«, das die geographischen Umrisse des Landes meint – bewahrt die Erinnerung an die Form der perfekten sechseckigen Wabenzelle und einen Rest alter monarchischer und imperialer Träume.

War die Biene in der zweiten Hälfte des 19. Jahrhunderts den Sphären von Macht und Herrschaft entflogen, so summte sie dennoch hörbar in vielen anderen Bereichen. Ab der Jahrhundertmitte nahm die Idee gegenseitiger Solidarität ihren Aufschwung, im Versicherungswesen, wo sich diverse Unternehmen mit der Biene im Namenszug schmückten, in Arbeitervereinen und Gesellenverbindungen. Auch in Freimaurerschriften war die fliegende Baumeisterin jetzt vermehrt anzutreffen. Zugegeben: Das Bienensymbol verkam im späten 19. Jahrhundert zum bürgerlichen Werbe-Logo von Versicherungen und Sparkassen. Einmal, ich war längst am Schreiben meiner Bienenwaben, kam eine Postkarte von einem ungarischen Freund hereingeflattert: »Steig beim nächsten Mal, mein Lieber, auf den Budapester Stephansdom, von da hast Du einen guten Blick auf das Zentrale Postamt. Das Jugendstilgebäude hat ein Ziegeldach, das Waben nachgebildet ist, auf denen stilisierte Bienen herumklettern.« Sparen, Vorsorgen – das war die banalisierte Botschaft des Bienenstocks geworden.

Aber natürlich blieb es nicht die einzige Lektion der Honigbiene. Die elegante Hautflüglerin schrieb sich sogar in die Kunstgeschichte ein! In derselben zweiten Jahrhunderthälfte nämlich entstand auch die Idee der kollektiven Künstlerwohnstätten und Ateliergemeinschaften, der Pariser *Cités des Artistes*. Der Bildhauer Alfred Boucher (1850 bis 1934), gerade mit dem Großen Preis der Pariser Weltausstellung von 1900 ausgezeichnet, kaufte, kaum war besagte *Exposition universelle* abgebaut, allerlei architektonische Bruchstücke zusammen, die verschleudert wurden. Er fand im Pariser 15. Bezirk, am *Passage de Dantzig*, ein geeignetes Gelände und baute dort mit den Versatzstücken seine künstlerische Idealstadt, die er *La Ruche* (Bienenstock) nannte. Der Pavillon der Bordeaux-Weine, dessen Metallgerüst von Gustave Eiffel geschaffen worden war, bildet das noch heute bestehende Herzstück, die *Rotonde*, die tatsächlich einem riesigen Backstein-Bienenstock ähnelt. Das prachtvoll geschmiedete Eingangstor stammte vom »Pavillon der Frau«, die Karyatiden an der Eingangstür aus dem Pavillon von Peru, dazu kam allerlei Dekor aus dem Pavillon von Britisch-Indien. Und in dieser bizarren Villa Kunterbunt träumte Boucher den Traum von einem idealen »Bienenstock« der Künstler: »Die Bienen schenken dem Menschen das schönste Beispiel einer Vereinigung in der Arbeit, in der gemeinsamen Anstrengung … deshalb haben wir *La Ruche* gebaut …«

Insgesamt wurden sechzig Künstlerateliers eingerichtet, die Miete war äußerst bescheiden, die winzigen, auf das zentrale Treppenhaus der Rotunde zulaufenden Ateliers galten als die Wabenzellen dieses Bienenstocks. Im Jahr 1902 war es so weit: *La Ruche* wurde feierlich eingeweiht. Und sie schrieb Kunstgeschichte … Diverse große Maler und Bildhauer der Moderne schufen hier ihre ersten bekannten Werke, Constantin Brancusi, Amedeo Modigliani, Fernand Léger, Ossip Zadkine, Chaim Soutine, Marc Chagall und andere mehr. Die später sogenannte *École de Paris* hatte in dieser merkwürdigen Atelieransammlung ihren Ursprungsort. *La Ruche* wurde gleichsam ein modernes Kloster der Malerei, ein asketischer Ort voller Entbehrung und Not, aber auch voller Hingabe an eine bedeutende, gemeinsame Idee. Einmal mehr waren die Bienen die großzügigen Ideengeberinnen.

Aber auch auf der anderen Seite des Rheins waren gemeinsame Entbehrung und Zusammenhalt der Künstler für die Entstehung der modernen Malerei wesentlich. Wovon sollte sie sich ernähren? Franz Marc schreibt am 14. Januar 1911 an seinen Malerkollegen August Macke: »Wir müssen tapfer fast auf alles verzichten, was uns als guten Mitteleuropäern bisher teuer und unentbehrlich war; unsere Ideen und Ideale müssen ein härenes Gewand tragen, wir müssen sie mit Heuschrecken und wildem Honig nähren ...« Sonderbare Säulenheilige, Asketen und Rufer in der Wüste waren diese modernen Maler. Doch ihre Werke gehören heute zum unverzichtbaren Bildbestand des 20. Jahrhunderts, und der »wilde Honig« ihrer Gemälde nährt großzügig noch uns, die späteren Betrachter.

Die Biene und der Bestseller

Als Alfred Boucher 1901 gerade seinen Weinpavillon und andere Weltausstellungsrelikte zusammenkaufte, um in *La Ruche* seine Künstlerutopie zu verwirklichen, hatte er ein Buch in der Tasche. Nicht irgendein Buch, sondern eines, das damals Furore machte und viele Zeitgenossen beeindruckte: Maurice Maeterlincks *Das Leben der Bienen*, das im selben Jahr 1901 erschien. Zufälle gibt es, die gar keine sind. Das 20. Jahrhundert begann mit einem Paukenschlag der Bienenverehrung. Wie kam es zu diesem Bestseller der Jahrhundertwende?

In der zweiten Hälfte des 19. Jahrhunderts hatte die Insektenforschung einen gewaltigen Sprung getan. Auch einen Sprung in die Öffentlichkeit. Die Schlüsselfigur war ein Einzelgänger und Autodidakt aus dem Dorf Sérignan-du-Comtat im Vaucluse, der zum Schutzheiligen der Insektenkunde befördert wurde: Jean-Henri Fabre (1823 bis 1915). Er schrieb bahnbrechende Studien über Anatomie, Instinkt und Verhalten von Insekten. Die Literaten waren von ihm hingerissen, denn Fabre konnte schreiben. Victor Hugo nannte ihn den »Homer der Insekten«, Marcel Proust und André Gide schlugen ihn 1904 gar für den Literaturnobelpreis vor – richtig gelesen: den Preis für Literatur. Edmond de Rostand schrieb: »Jean-Henri Fabre: ein großer Gelehrter, der dachte wie ein Philosoph, sah wie ein Künstler und schrieb wie ein Dichter.« Seine monumentalen *Erinnerungen eines Insektenforschers* in zehn Bänden erschienen zwischen 1879 und 1907 und sind noch heute eine faszinierende Fundgrube. Maeterlinck, ein Verehrer Fabres, las wie viele andere Literaten begeistert diese Hautflügler-Bibel. Insektenkunde »lag in der Luft«.

Das zwanzigste Jahrhundert begann also mit Maurice Maeterlincks großer Würdigung der Welt der Bienen. Der belgische Symbolistendichter war selber Imker, schrieb »aus Erfahrung«. Bereits berühmt durch sein Märchendrama *Pelléas et Mélisande* von 1892, nach dem Claude Debussy eine Oper schuf, sprach er mit *Das Leben der Bienen* europaweit ein großes Publikum an und schenkte ihm eine Offenbarung. Noch im selben Jahr 1901 erschien es auf Deutsch. Ein Jahrzehnt nach der Bienenbibel *La vie des abeilles* erhielt er den Literaturnobelpreis. Der Welt der Natur wird er weiterhin sein Ohr leihen, sogar den klugen Blumen in seinem Werk *Die Intelligenz der Blumen* (1907). Später kommen Bücher wie *Das Leben der Termiten* (1927) und *Das Leben der Ameisen* (1930) hinzu.

Das Bienenbuch war sein wichtigstes naturphilosophisches Manifest, eine Synthese von Poesie und Wissenschaft. In sieben Kapiteln wird der Leser zum »Schwärmen« der Bienen entführt, wohnt ihrer feierlichen »Stadtgründung« bei und begleitet die jungen Königinnen auf ihrem Hochzeitsflug. Geschildert wird eine apokalyptische Drohnenschlacht, bevor Maeterlinck sich bewundernd dem »Fortschritt der Art« zuwendet, die sich als staatlich organisierter Superorganismus seit unvordenklichen Zeiten auf der Erde behauptet hat.

Die Faszination durch den Bienenstaat hat gewiss auch politische Implikationen. Ein nüchterner Betrachter könnte in ihm einen durch und durch rationalisierten Arbeits- und Gebärstaat sehen. Doch im Gegensatz zum Termiten- oder Ameisenstaat, die totalitäre Assoziationen hervorrufen, hatte der Bienenstock für den Menschen immerzu etwas Positives, Ideales, Utopisches. Der Bienenstaat war gleichsam – dank Honiggewinn und Wabenkunst – ein süßes utopisches Gesamtkunstwerk. Maeterlinck schrieb: »Seltsame kleine Republik, so logisch und so ernst, so zweckvoll und so streng durchgeführt, so sparsam und doch einem so großen und ungewissen Traume hingegeben! O kleines Volk, so entschlossen und so tief, von Licht und Wärme und allem Reinsten in der Welt genährt …«

Maeterlincks *Das Leben der Bienen* entsprang der Romantik ebenso wie dem Geist der Jahrhundertwende. Es bedeutete die beharrliche Suche nach einer über-individuellen Kraft, nach dem Immateriellen und Unbewussten, nach dem Leben der Seele, nach Reinheit und Ursprünglichkeit. All dies verbarg sich für Maeterlinck im »Geist des Bienenstocks«, dem er nachspürte, jener »verborgenen Gewalt von überlegener Weisheit«, die Instinkt zu nennen banal wäre. Nicht nur einmal verfällt Maeterlinck angesichts der Bienenwunder auf den Terminus »Intelligenz«.

Was Maeterlinck letztlich umtrieb, war der Sinn des menschlichen Daseins als eines Teils der Natur, die Idee der Solidarität, des Opfers und der Liebe. Zwischen wissenschaftlicher Entzauberung im Namen der Moderne und mystischer Wiederverzauberung der Welt suchte er zu Beginn des 20. Jahrhundert seinen geistigen Weg. Rilke, Robert Musil und Hugo von Hofmannsthal waren von diesem belgischen Bienenpropheten fasziniert, und Marcel Proust nannte ihn schlicht den »Vergil Flanderns«, der »so viel unvergleichliche Poesie« eingesammelt habe.

Das Bienenwesen – ein heiteres Glücksversprechen? Kaum. Maeterlinck war kein unbedarfter Schwärmer. Eine erstrebenswerte Utopie ist der Bienenstock nicht für ihn. Wer auf den Gedanken kommen könnte, müsste anderswo suchen. Arthur Schopenhauer giftete vehement gegen den »plumpen Scharlatan« und »Kopfverderber« Hegel, der »zu der empörenden Lehre gelangt, dass die Bestimmung des Menschen im Staat aufgehe – etwa wie die der Biene im Bienenstock; wodurch das hohe Ziel unseres Daseins den Augen ganz entrückt wird.«

Nein, Maeterlinck hütet sich, dieses Staatsmodell für den Menschen in Betracht zu ziehen, weil er als praktizierender Imker das im Bienenstaat sich abspielende »traurige Schauspiel« zu genau kennt: blinde Selbstaufopferung im Namen des »Gesetzes der Zukunft«, rigorose Ausblendung der Bedürfnisse des Einzelwesens, brutales Tötungsgeschehen im Königinnenmord und in der Drohnenschlacht, ewiges Reproduktionsgeschäft einer Königin, von der er nicht weiß, ob sie eine »große Liebende« oder doch nur eine »Sklavin der Zukunft« sei. Die unerbittliche Gewalt und Grausamkeit der Natur spiegelt sich auch im »Geist des Bienenstocks« und kann den idealistischen Imker durchaus schwermütig machen.

Die Melancholie des Bienenzüchters

Er hat das alte, zerfurchte Gesicht Marcello Mastroiannis. Und der ist hier Lichtjahre entfernt von seinem einstigen Spezialfach des jungen, lebenslustigen Liebhabers, als den ihn Federico Fellini in *La dolce vita* und *Achteinhalb* in Szene setzte. Mastroianni spielt den alten, traurigen Schullehrer im Film *Der Bienenzüchter* (O Melissokomos) von Theo Angelopoulos aus dem Jahr 1986. Es ist eine seiner eindrücklichsten Altersrollen.

Der in Nordgriechenland lebende Spyros erkennt nach dem Auseinanderbrechen seiner Familie, der Scheidung von seiner Frau und dem Wegzug seiner nunmehr verheirateten Tochter, die Leere und Sinnlosigkeit seines Lebens. Zwar bricht er noch einmal mit seinem Lastwagen und seinen Bienenkästen in den Süden auf, um die dort früher einsetzende Pflanzenblüte zu nutzen, doch gerät auch diese letzte Reise zum Stationenweg der Desillusionierung. Die Besuche bei seiner geschiedenen Frau und seiner zweiten Tochter bringen nichts als die irreparable Familienruine zum Vorschein; die Wallfahrt zum verwahrlosten Haus seiner Kindheit nur die unerbittlich verflossene Zeit; die Begegnung mit dem alten Freund in einer Klinik nur die Flüchtigkeit einstiger politischer Illusionen (»Wir wollten die Welt verändern!«).

Der schweigsame, verschlossene Spyros nimmt eine

ihn verwirrende und dunkel anziehende Anhalterin mit, die in Wirklichkeit ebenso verloren und illusionslos ist wie er. Sie lässt ihn vielleicht den Hauch der Jugend noch einmal ahnen, doch auch Liebe und Sex haben ihre einstige Aura verloren. Mehr als verzweifelt-mechanische Gier kann die Begegnung mit der jungen Frau nicht wecken. Sie bringt den Todessüchtigen nicht ins Leben zurück und verlässt ihn nach mehreren Versuchen, Nähe herzustellen, abrupt. Noch Spyros' letzter Lebensinhalt erweist sich als perspektivlos: die Bienen. In einem Akt blinder Zerstörung stößt er seine Bienenkästen um und wird von den entfesselten Insekten zu Tode gestochen. Es ist ein bewusst herbeigeführter Selbstmord. Die seit Generationen in seiner Familie gepflegte Bienenzucht wählt der alte Mann als Mittel für seinen Abschied vom sinnlos gewordenen Leben.

Die Bienen auf der Ladefläche seines Lastwagens sind vielleicht noch einmal die geheimnisvollen heiligen Tiere der zwischen Leben und Totenreich pendelnden Göttin Persephone. Ist die mysteriöse Anhalterin eine Botin der Unterweltsgöttin? Noch dazu in griechischer Landschaft! Aber es ist gewiss kein touristisches Griechenland. Regen, Rost, verfallende Gebäude, alles, nur keine idyllische Szenerie.

Angelopoulos' *Der Bienenzüchter* ist ein bewusst sperriger Film über das Altwerden, den Verlust der Lebensideale, die fortschreitende Einsamkeit, das Schalwerden aller Dinge. »So viele Jahre laufen wir hinter den Blüten her!«, sagt der Bienenzüchter. Es ist ein melancholischer Film über das Entgleiten des süßen Lebenshonigs. Für das Drehbuch ließ sich Tonino Guerra von Motiven aus Lars Gustafssons Roman *Der Tod eines Bienenzüchters* (1978) anregen, der allerdings mit dem geschiedenen ehemaligen Lehrer Lars Westin einen schwedischen Charakter und Schauplatz vorführte und einen weniger melancholischen, eher sarkastischen Ton vernehmen ließ. Ein Film, ein Roman: zwei nachtschwarze, aber Klarheit schaffende Kunstwerke der Desillusion. Und die Bienen? Sie sind machtlos angesichts der dunklen Seite der menschlichen Existenz, die unweigerlich in den Tod führt. Die Biene bedeutet nicht immer nur ein heiteres Lebenssymbol zwischen Honiggewinnung, Brutpflege und Zukunftsvorsorge. Es gibt eine Nachtseite des Bienenwesens, Geschichten um Tod und Vernichtung.

Spyros' Selbstmord durch Bienenstiche bringt den Gedanken auf die sporadisch auftauchenden Berichte von Attacken sogenannter Killerbienen. Sie stammen aus Südamerika, genauer – aus Brasilien, wo auch der finstere Name entstand: *abelhas assassinas*. Seit den sechziger Jahren spricht man weltweit schaudernd von den *killer bees*. Ein prächtiger Stoff für Hollywoods Katastrophenfilm-Abteilung, die mit einer ganzen Reihe einschlägiger Werke aufwarten kann. Am bekanntesten ist wohl Alfredo Zacharias' *The Bees* von 1978 (subtiler deutscher Titel: »Operation Todesstachel«), in dem der Krieg zwischen Biene und Mensch ausbricht.

Killerbienen überfallen Nordamerika und werden zur Herausforderung für die Wissenschaft. Eine hochintelligente Bienenrasse stellt der Menschheit ein Ultimatum, die Zerstörung der Umwelt nicht weiterzutreiben, sonst … Doch die Politiker nehmen die Warnungen nicht ernst. Die Bienen lassen sie also ihr Zerstörungspotential spüren. Das ökologische Thema ist wohl nur ein Vorwand für publikumswirksame, kassenfüllende *special effects*: von Killerbienen angegriffene Menschenmassen, Flugzeugabstürze und andere Hollywood-Spezialitäten mehr. Natürlich gibt es den korrupten Politiker und ein nettes

Wissenschaftlerpaar, Dr. Norman und Sandra Miller, die weniger aggressive Bienen züchten wollen und mit einem »vernünftigen« Bienenvolk Kontakt aufnehmen, um zwischen Bienen und Politikern zu vermitteln: »Sie müssen sich doch wenigstens anhören, was die Bienen zu sagen haben!« Dr. Hummel, Sandras Onkel, hat nämlich ein kurioses Idiom gefunden, das die Kommunikation erlaubt. Am Schluss der verworrenen Story kommt es zu einem Abkommen: Die hochintelligenten Bienen übernehmen die Herrschaft über die Welt, die ihre Umwelt gedankenlos zerstörenden Menschen haben ausgedient! Das rasch auf den Markt geworfene Konkurrenzprodukt, Irwin Allens *The Swarm* (»Der tödliche Schwarm«) aus demselben Jahr 1978, wollte nichts von Abkommen wissen und zelebrierte in einem einfältigen Horrorfilm – hier gibt es kein ökologisches Mäntelchen – die nackte Zerstörung. Natürlich sind diese Filme albern und hanebüchen, aber befeuert von einem leisen historischen Kern.

Die rabiaten Bienen sind tatsächlich eine reale neuere Variante im uralten Spiel der Evolution. Die von Kolonisatoren im 17. Jahrhundert importierte europäische Honigbiene *Apis mellifera carnica* traf in Südamerika auf ein feuchtheißes Tropenklima, das ihr wenig behagte. Die Erträge ließen zu wünschen übrig. Dem brasilianischen Landwirtschaftsministerium kamen schließlich Berichte über die sagenhaften Honigernten von *Apis mellifera scutellata*, der Ostafrikanischen Hochlandbiene, zu Ohren. Der Bienenforscher Warwick Kerr, der mit den notwendigen Kreuzungsversuchen beauftragt wurde, brachte 1957 ein paar dutzend Bienenköniginnen aus Afrika in sein Labor in São Paulo.

Nur wenige Monate später jedoch entwichen durch die Unachtsamkeit eines Angestellten sechsundzwanzig

Schwärme mit ihren Königinnen. Sie verbreiteten sich in kleinen, mobilen Völkern sehr rasch und entwickelten eine ungewöhnliche Aggressivität und enorme Robustheit, um sich in einer feindlichen Umgebung gegen Vögel, Ameisen und Menschen zu wehren. Diese Bienen reagieren dreimal schneller auf Störungen als die europäischen Schwestern und verfolgen als ganzer Schwarm ein Opfer auf eine Distanz bis zu einem Kilometer, um es mit tausenden Stichen niederzustrecken. Sie entwickelten zudem eine furiose Wanderlust, rückten Jahr für Jahr etwa 300 Kilometer nach Norden. Im Jahr 1987 war Mexiko erreicht, ab 1990 eroberten die »Killerbienen« Texas, vier Jahre später Arizona, Teile Kaliforniens.

Die sanfte italienische Biene *Apis mellifera ligustica* war bis dahin in den USA die beliebteste Honigsammlerin, doch sie kreuzte sich in den südlicheren Staaten immer öfter mit der afrikanischen Biene, deren Gene obenaus schwangen. Der Kulturkampf ist in tropischen und subtropischen Breitengraden – der kältere Norden behagt den *Scutellata*-Bienen nicht – bereits zugunsten aggressiverer Schwärme entschieden, die allerdings den vierfachen Honigertrag einbringen. Schutzkleidung und Wahrung der Distanz bekamen für die Imker erneut große Bedeutung. Die Biene ruft in Erinnerung, dass sie nie wirklich ein zahmes Haustier war, immer einen wilden Kern sich bewahrt hat. Die Forschung geht heute dahin, durch Kreuzungen weniger rabiate Völker zu züchten, die dennoch eine gewisse Robustheit in einer vielfach beschädigten Umwelt an den Tag legen. Killerbienen mögen ein Geschenk für Hollywoods Katastrophenfilm-Abteilung sein. Sie sind auch ein Warnzeichen, dass sich die Natur nicht beliebig zähmen lässt.

Mandeville, Schnurrdiburr
und Biene Maja

Und wie steht es mit der menschlichen Natur, lässt die sich vielleicht zähmen? Ein kaum zu Illusionen neigender Autor des 18. Jahrhunderts warf einen recht eigenwilligen Blick auf ebendiese Natur und machte in der Wirtschaftstheorie Furore. Im Jahr 1705 wurde in Londons Straßen eine anonyme Broschüre feilgeboten, die schon mit ihrem bizarren Titel Aufmerksamkeit heischte: *Der murrende Bienenstock, oder: Die ehrlich gewordenen Schurken* (»The Grumbling Hive, or Knaves turn'd Honest«). Der geheime Autor, Bernard de Mandeville, wurde als Abkömmling einer nach Holland geflüchteten Hugenottenfamilie 1670 in Dordrecht geboren, wanderte 1693 nach England aus, wirkte als Arzt und Gesellschaftstheoretiker und starb 1733 bei London. Seine Flugschrift erregte ein solches Aufsehen, dass Mandeville seine phantastisch klingenden Thesen erläutern und ergänzen musste. Im Jahr 1714 veröffentlichte er *Die Bienenfabel, oder: Private Laster, öffentliche Vorteile* (»The Fable of The Bees: or, Private Vices, Public Benefits«), sein wichtigstes Werk, das er 1723 noch einmal um diverse Zusätze erweitert herausgab.

Mandevilles Provokationen schlugen ein wie eine Bombe, aus bürgerlichen und kirchennahen Kreisen kam empörter Widerspruch. Wo lag der Skandal? Mandeville behauptete kühn, dass nicht die Tugend, sondern das Laster die Quelle des Gemeinwohls sei. Die sogenannten Tugenden seien für den Fortschritt der Gesellschaft weit weniger nützlich als Luxusstreben, Verschwendung, Krieg und Ausbeutung der arbeitenden Massen. Unerhört!

Die *Bienenfabel* präsentierte gleichsam eine Apologie des Frühkapitalismus. Nach der *Glorious Revolution* von 1688 hatte sich das von feudalen Fesseln befreite England rasch zum ersten Handels- und Industriestaat entwickelt. Das Geld regierte, Betrug und Bestechung griffen um sich. Das Großbürgertum, nicht mehr der Landadel war die neue herrschende Schicht und wollte den in kürzester Zeit errungenen Wohlstand auskosten. Doch es gab die Kehrseite der Medaille. Über die Hälfte der englischen Bevölkerung lebte als billige Arbeiterherde im Elend der Slums der neuen Industriestädte, in Straßen voller Morast und Kot, in überfüllten Hütten, inmitten von Prostitution, Alkoholismus, Seuchen.

Mandevilles *Bienenfabel* führte eine tief skeptische Sicht der menschlichen Verhaltensweisen vor, die von egoistischen Trieben und Leidenschaften beherrscht seien, von Genusssucht, Eitelkeit und Betrug. Das galt als eine massive Beleidigung der noch immer »moralisch« sich dünkenden englischen Gesellschaft. Sie reagierte äußerst gekränkt. Der Satiriker hielt ebendieser Gesellschaft ein kaum verzerrtes Spiegelbild vor Augen und wurde als moralisch verkommener Prophet des Lasters und als Zyniker gebrandmarkt.

Der Aufschrei der Tugendwächter war auch deshalb so laut, weil Mandeville sich ausgerechnet den Bienenstock als Sinnbild aussuchte, der seit Jahrhunderten als tugendhafter Musterstaat und ideales Kloster im Menschheitsgedächtnis verwahrt wurde, als Vision einer Gesellschaft, die auf Selbstaufopferung und Verzicht auf privates Glück zugunsten der Nachkommenschaft, also der Zukunft beruhte. Auch Shakespeare hatte in *Heinrich V.*, in der Rede des Erzbischofs von Canterbury, den Bienenstock als Vorbild der staatlichen Ordnung dargestellt, wo jedermann seinen festen Platz habe. Jeder gebildete Engländer glaubte zu wissen, was der Erzbischof damit meinte.

Jetzt reimte der freche Mandeville in seiner Flugschrift mit den 433 Knittelversen *vice* (Laster) auf *paradise* (»Thus every Part was full of Vice, / Yet the whole Mass a Paradise«). Noch der windigste Bürger trage sein Scherflein zum Gelingen bei: »Der Allerschlechteste sogar / Fürs Allgemeinwohl tätig war« (»The worst of all the Multitude / Did something for the Common Good«). Und gleich noch ein Müsterchen: »Stolz, Luxus und Betrügerei / Muss sein, damit ein Volk gedeih'« (»Fraud, Luxury and Pride must live, / While we the Benefits receive«). Lauter Spitzen gegen die herkömmliche Moral, lauter blanke Provokationen.

Viele liebgewonnene traditionelle Ansichten stülpte der Querdenker Mandeville rigoros um. Wirtschaftlicher Fortschritt und Wohlstand entspringen laut ihm dem menschlichen Willen zum gesteigerten Lebensgenuss. Eigener Vorteil und die Aussicht auf persönliche Bereicherung seien stimulierende Motoren, ohne die keine Gesellschaft vorankommen könne. Als einer der Ersten beschrieb Mandeville die Wirtschaft als ein Kreislaufsystem und behauptete, dass individueller Nutzen nicht mit globalem Nutzen identisch sein müsse, ein Theorem der Ökonomie, das nach ihm das Mandeville-Paradox getauft wurde.

Nach der Schilderung all der nützlichen Laster kommt die überraschende Wendung: Die Bienen sind unzufrieden, sie »murren«, fordern mehr Ehrlichkeit (»Honesty«), bis ihnen Jupiter, verärgert über diese Heuchelei, den Wunsch erfüllt. Das Ergebnis ist ein gesellschaftliches Desaster. Der Bienenstock verkümmert. Die wenigen Übriggebliebenen verlassen den vormals glücklichen Staat.

Fazit: Heuchelei ist schlimmer als das profitable Laster! Wenn die Schurken ehrlich werden, geht erst recht alles schief. Denkt man an die oft allzu penetrant auf Entsagung, Tugend und Edelmut ausgerichtete Symbolik der Honigbiene, sind Mandevilles Thesen erfrischend neu. Aber eine gültige politische Ethik und Wirtschaftsethik darf man bei diesem Provokateur nicht suchen. Wohlstand für alle lag in ferner Zukunft.

Auch im Jahrhundert danach gab es einen Satiriker, der das Wesen des Menschen nicht schönfärben mochte, der in ihm keinen Tugendbold, sondern einen Ausbund von Hinterlist und Bösartigkeit sah. Im Jahr 1869 erschien eines der vergnüglichsten Bücher des traurigen Humoristen Wilhelm Busch: *Schnurrdiburr oder die Bienen*, ein launiger Bilderbogen um Liebe, Hinterlist und die Streiche des Lausbuben Eugen. Hintergrund und Bezugspunkt zum unheilvollen Menschen-Unwesen ist das wohlgeordnete Bienenleben, konkret: die Bienenstöcke des Imkers Dralle.

Wenige wissen, dass Wilhelm Busch ein besonderes Verhältnis zu Bienen hatte. Nach seinem abgebrochenen Maschinenbaustudium und neben dem beharrlichen Traum, an den Kunstakademien zu studieren und ein berühmter Maler zu werden, hatte der ewige Junggeselle immerzu Sehnsucht nach der stillen, gelassenen Imkerei. Er spielte tatsächlich mit dem Gedanken, als Bienenzüchter in Brasilien, dem damaligen *El Dorado* und Pionierland der Imkerei, ein neues Leben anzufangen. Die Bienenzucht hatte er von seinem Onkel erlernt, einem Pfarrherrn, dem er aufgrund ärmlicher Verhältnisse in seinem Elternhaus zur Erziehung anvertraut worden war. Buschs misanthropisches, von Schopenhauers pessimistischer Philosophie genährtes Menschenverständnis veranlasste ihn, jedes Geschehen in dramatisch-drolliger Weise in größtmögliche Zerstörung, irreparable Unordnung und böses Chaos münden zu lassen. Die perfiden Streiche der schlimmen Buben Max und Moritz sind nur das bekannteste Beispiel.

Die Menschen sind Heuchler und Betrüger. Ein mageres Schwein wird von zahlreichen Bienen gestochen, schwillt auf und wird von Imker Dralle für gutes Geld als fettes und rentables Schwein verkauft. Auch die Bienenkönigin höchstpersönlich bezeichnet Dralle als einen üblen Ausbeuter, einen »Honigdieb und Bienentöter«, bevor sie sich mit ihrem Schwarm davonmacht: »Drum auf und folgt der Königin! – Schnurrdiburr! da geht er hin!«

Als Dralles Tochter Christine von dem pubertierenden Tunichtgut Eugen ein Kuss geraubt wird, bekommt der von seinem Onkel Knörrje Hiebe, worauf Herr Knörrje selber die Nachbarstochter küsst und ein Rendezvous vereinbart: »Ade! und also so um zehn / beim Bienenhaus! auf Wiedersehn!« Natürlich sinnt Eugen auf Rache. Dralle, dem die »Schwärmerei« Verdruss beschert, denn er will seine Bienenvölker selbstverständlich behalten, steigt alsobald auf eine Leiter, um den Schwarm wieder einzufangen, was unbedingt mit seinem Sturz vom Baum endet. Eugen vergreift sich unterdessen an wilden Honigwaben in einem hohlen Baum, bleibt darin stecken, bis ein entlaufener Tanzbär auftaucht und ebenfalls an den Honig will. Und da kommt auch noch Dralle. Alle purzeln sie schließlich aus dem hohlen Baum, und Förster Stakelmann schießt dem Bären noch eine Flintenkugel nach.

Eugen drängt es weiterhin nach Süßem und nach Dralles Honigtopf, der über dessen Bett thront. Er verkleidet sich als Monster, überrascht Dralle im Schlaf und klaut den Honig. Endlich geschafft! »Bald drauf sitzt der Eugen zu Haus / Und schleckt den Topf voll Honig aus.« Neben all den menschlichen Wirrnissen, Begierden und Kleinkram gibt es die perfekte Parallelwelt der Bienen. Das 10. Kapitel beschwört eine wahre Bienenidylle: »Die Nacht ist warm, die Menschen träumen, / Und leise flüstert's in den Bäumen, / Und leise schleicht der Mondenschein / In Dralles Garten sich herein. – / Von seinem Dämmerlicht beschienen, / In Gras und Blüten, summen Bienen. / Die feiern heut' bei Maibeginn / Das Hochzeitsfest der Königin.«

Die Hofkapelle spielt auf, allerlei Insekten tanzen miteinander, der Mond zieht sich zurück. Ein ungewöhnlich idyllisches Ende für Wilhelm Busch, bei dem für diesmal kein haarsträubendes Chaos angerichtet wird, sondern alles sich in Minne auflöst. Und wem gebührt der Dank dafür? Seinem Lieblingstier, der Honigbiene.

Unglaublich, wofür Bienen alles gut sind. Sie eignen sich als fügsame Darstellerinnen für Mythen wie für das Märchen, für die Satire wie für den Comic. Nach Buschs *Schnurrdiburr* denkt man natürlich an ein anderes einschlägiges Produkt, das riesige Popularität erlangte. *Die Biene Maja und ihre Abenteuer* des deutschen Schriftstellers Waldemar Bonsels (1880 bis 1952) erschien 1912 und wurde ein in über vierzig Sprachen übersetzter Weltbestseller. Der Bombenerfolg kam aber erst durch das Fernsehen, besagte Biene profitierte ganz erheblich von der Röhre. Die Biene schrieb also auch noch Fernsehgeschichte! Die japanisch-österreichische, von Marty Murphy gezeichnete Trickfilmreihe rund um die Biene Maja bescherte dem Zweiten Deutschen Fernsehen 1976/1977 enorme Einschaltquoten und entwickelte sich zur erfolgreichsten Zeichentrickserie überhaupt. Nach einem Jahr musste auf inständige Bitten in 40 000 Kinderbriefen eine zweite Staffel produziert werden. Und das ist noch lange nicht das Ende: Das Zweite Deutsche Fernsehen lässt derzeit 80 neue Geschichten produzieren, die ab 2013 frische Maja-Fans hervorzaubern werden. Nach der Fernsehserie erschien 1976 bis 1981 auch noch eine 163-bändige Comicserie in Buchform – eine Goldgrube! Vom späteren Biene-Maja-Merchandising ganz zu schweigen, ob Stofftier, Brettspiel oder Honigbonbon. Wenn der gute Bonsels das geahnt hätte …

Die Biene Maja erlaubte naturkundliche Ausflüge in eine heitere, auf gegenseitiger Hilfsbereitschaft beruhende, idyllische, beseelte Insektenwelt. Wilhelm Buschs bösartige Menschenkinder sind in weiter Ferne. Ob Fräulein Nelly, die Grille, oder Ameisenoberst, ob Libelle Schnuck oder die Marienkäferfrau, ob Wieland der Borkenkäfer, der Hummelgeneral Gustav oder das Glühwürmchen Jimmy – hier ist »kein Tier zu klein, das nicht von dir ein Bruder könnte sein«. Die Attraktion war die liebevolle Harmlosigkeit und Gewaltfreiheit allen Geschehens. Lauern doch einmal Gefahren wie gefräßige Heuschrecken oder das Netz der Kreuzspinne Thekla, so geht alles schließlich bestens aus. Na ja, Ausnahmen gibt es schon: wenn etwa die Libelle den Brummer Hans Christoph fängt, der guten Maja zusäuselt, er sei »ein lieber kleiner Kerl« – und ihm dann den Kopf abbeißt … Dennoch: Welch ein Kontrast zu heutigen Zeichentrickfilmen, mit denen Kinder schon im Vorschulalter beschossen werden! Da wird gebombt, geballert und aus dem Weg gefegt. Man könnte wirklich Sehnsucht nach der Biene Maja bekommen.

Aber ist die Harmlosigkeit nicht doch eine Täuschung? Im Jahr 2012 feiert die Biene Maja ihren 100. Geburtstag, sie ist die langlebigste Biene der fernsehenden Bücherwelt. Schon im Vorfeld allerdings werden die Ambivalenzen des Phänomens Bonsels unter die Lupe genommen. Nach einer Tagung in München im März 2011 titelte die »Süddeutsche Zeitung« provokativ: *Unsere braune Biene Maja*. Bonsels wird als Kitschautor, Opportunist und Antisemit mit Verstrickungen in der Nazizeit präsentiert. Ist also die harmlose Biene Maja nur eine schmerzliche Illusion?

Zwar fanden Experten die 1912 noch im Kaiserreich geborene Biene »weitgehend unproblematisch«. Eine Ausnahme gebe es allerdings: den finalen Kampf zwischen Bienen und Hornissen. Die ganze Schlacht des letzten Kapitels sei »völkisch« inspiriert. Die Bienenkönigin ruft ihrem Volk zu: »Im Namen eines ewigen Rechts und im Namen der Königin: Verteidigt das Reich!« Bonsels hatte sich für diesen Aufruf bei der »Hunnenrede« Kaiser Wilhelms II. bedient, mit der am 27. Juli 1900 die deutschen Soldaten zur Niederschlagung des »Boxer-Aufstandes« nach China verabschiedet und deutsche Herrschaftsansprüche legitimiert wurden. Rhetorisch bestärkt von »hohem Zorn gegen die Feinde« ziehen die wackeren Bienen in die Schlacht gegen das verschlagene Hornissenvolk. Wer also nach völlig harmlosen Bienen fahndet und von einer idyllischen Insektenwelt träumt, die es nie geben kann, wird mit verwirrenden Tatsachen konfrontiert. Aber deshalb der Biene eine braune Vergangenheit anlasten? Arme Biene Maja in ihrem 100. Lebensjahr!

Auf dem Dach der Oper  tanzen Großstadtbienen

Es stimmt wohl, dass unter Bienenzüchtern derzeit Entmutigung umgeht. Hobby-Imkerei als erfüllende Aufgabe für naturverbundene Ruheständler? Wenn Milben, Viren, Insektizide für massive Verluste sorgen, wird manchem fröhlichen Imker der Zeitvertreib vergällt. Die komplexe Bekämpfung gehäuft auftretender Krankheiten von Faulbrut bis Varroa-Milbe erfordert Ausdauer, Nerven, Energie. Viele Bienenstöcke sind zu summenden Krankenhäusern geworden.

Doch es gibt auch verblüffende Zeichen für ein neues Interesse an dieser jahrtausendealten Tätigkeit. Es sind Künstler, die Maßnahmen gegen die imkerliche Depression ergreifen. Ich komme gerade aus Frankfurt zurück, wo ich auf dem Dach des MMK, des »Museums für Moderne Kunst«, herumspaziert bin. Und was habe ich dort oben gesucht auf dem Gebäude, das von den Frankfurtern despektierlich »das Tortenstück« genannt wird? Die gute Aussicht vielleicht? Nein, ich habe auf dem Museumsdach Bienenkästen und einen Bienenlehrpfad besichtigt. Das ist kein Witz.

Die 1998 gegründete Frankfurter Künstlergruppe *finger* um Florian Haas und Andreas Wolf lancierte im Herbst 2007 das Projekt »Stadtimkerei«. Auf dem Museumsdach stehen seit März 2008 zwölf Bienenkästen, etwa 650 000 von den Künstlern liebevoll gehegte Bienen fliegen von dort aus, um Nektar für den ersten »Frankfurter Museumshonig« zu sammeln. Ein von *finger* gestalteter Lehrpfad lädt zur Entdeckung vielfältiger Überschneidungen gesellschaftlicher, tierwirtschaftlicher und künstlerischer Produktion ein, das Projekt war auf drei Jahre angelegt. Im Foyer des MMK gab es eine kleine Feier, bei welcher der »Stadthonig« probiert werden konnte.

Bienen als Künstlerinnen, Künstler als *busy bees*? Zur Bekanntmachung wurde auch ein *Bee Journal* mit allerlei Wissenswertem herausgegeben. Die Botschaften sind zumindest bedenkenswert. Im Verständnis der Gruppe ist Kunst eine »Bestäubung«, also Befruchtung. Die Befürchtung, selber eine bedrohte Spezies zu sein, erfüllt die Künstler mit Empathie für die Bienen. Ohne Honigbienen wäre die menschliche Nahrungsversorgung gefährdet. Ohne Künstler und Kultur verkümmert eine Gesellschaft, beraubt sich des Honigs der Erkenntnis, der Erweiterung des Sammel-Horizonts, der Emotion, der Befremdung, des geistigen Genusses. Es gehe darum, »natürliche und soziale Kreisläufe aufrechtzuerhalten, um die Gesellschaft vor Fruchtlosigkeit zu bewahren«.

Man macht es sich zu leicht, wenn man alles als Spinnerei abtut. Das Projekt verdient Sympathie. Wer glaubt, Bienen hätten in der Großstadt nichts zu suchen – oder eher zu finden –, täuscht sich gewaltig. Die überraschende Pointe: Den Bienen gefällt's. Warum fühlen sie sich neuerdings in der Stadt sogar wohler als auf dem Land? Weil sie dort kaum Pestiziden ausgesetzt sind und in Parks, Uferanlagen und auf Balkonen eine große Vielfalt von Blüten vorfinden statt der auf dem Land grassierenden öden Monokultur. Bienen passen also sehr wohl in die Großstadt. Hautflüglerballett vor modernster Glasarchitektur im 21. Jahrhundert!

Die Gruppe *finger* hat kein europäisches Exklusivrecht auf ihr Bienenabenteuer auf dem Museumsdach. Französischen Zeitungen entnehme ich, dass auf dem Dach der *Opéra* in Paris Bienenkästen stehen. Auch auf der Oper in

Lille. Vielleicht passen Bienen und Opern gut zusammen? Auch auf dem imposanten Pariser *Grand Palais* wohnen Bienen, sie machen aus ihm einen Bienen-Palast. Großstädte, übernehmt die Bestäubungsarbeit! Die französische *Union nationale des apiculteurs* hatte 2005 Alarm geschlagen: Pestizide und Monokultur gleich Bienentod, Bestäubungsnot. Also Landflucht, und ab in die Städte! Bienen in Paris sind ein ökologisches Barometer, das die Qualität der Umwelt anzeigt. Und dank der Initiative *Berlin summt* ist auch auf den Dächern der deutschen Hauptstadt so einiges los: Wer summt und sammelt wohl auf dem Abgeordnetenhaus, auf Museen, auf dem Berliner Dom? Richtig geraten. Großstadtbienen produzieren doppelt so viel Honig wie Landbienen, lässt mich der Verantwortliche für die Bienenstöcke der Stadt Besançon wissen.

Soweit ist es gekommen! Die Blütezeiten dauern in den Metropolen länger, die Varietät der Blüten sei größer. Kaum zu glauben: Im Großstadthonig findet man Pollen aus Thymian, Mohn, Linde, Vergissmeinnicht, Rosskastanien, Akazien und diversen Zierpflanzen. Der in Paris verkaufte »Betonwelt-Honig« (»Miel béton«) wird in Laboranalysen als »exotischer Honig« gelistet. Das klingt alles stark nach Bienen-Surrealismus, und dennoch ist es ein Faktum unserer Zeit.

Also gehen Metropolenkunst und Großstadt-Imkerei einen gemeinsamen Weg. Die Künstlergruppe *finger* hat die Installation und Inszenierung des Bienenwesens nicht aus der Luft gegriffen. Nicht zu vergessen ist, dass ein anderer Künstler mit einer Installation unter dem Titel *Honigpumpe am Arbeitsplatz* im Jahr 1977 Aufsehen erregte: Joseph Beuys. In einer über mehrere Räume verteilten technischen Anordnung wurden 150 Kilogramm Honig durch ein 173 Meter messendes Schlauchsystem gepumpt. Es war eine zentrale Arbeit des umstrittenen Künstlers, der mit ungewohnten Materialien wie Fett, Filz und Honig arbeitete und den »Erweiterten Kunstbegriff« propagierte.

Mit der *Honigpumpe* stellte Beuys den Blutkreislauf der Gesellschaft dar, die Zirkulation im »gesellschaftlichen Körper«. Noch einmal Blut und Honig also wie beim barocken Mystiker Angelus Silesius! Und damit eine Gleichsetzung beider vitaler Stoffe. Die gemeinschaftliche Lebensform der Honigbiene war auch für Beuys ein Vorbild, das seine »Theorie der Sozialen Plastik« entscheidend mitprägte, ebenso wie seinen Begriff des »Wärmehaften« und der »Brüderlichkeit«. Eine andere Beuys-Arbeit ist ein signierter Blecheimer aus dem Jahr 1979 mit dem schroffen Imperativ: »Gib mir Honig.«

Ob *finger* oder Beuys – die zeitgenössische Kunst belegt, dass das symbolisch aufgeladene Imkerwesen nicht auf das Hobby von Menschen im Ruhestand beschränkt ist. Ein ähnliches Interesse für das mannigfaltige Wirken der Honigbiene lässt sich auch bei avancierten Wortkünstlern der jüngsten Gegenwart nachweisen, bei Thomas Kling (1957 bis 2005) etwa, der aber eher wespengläubig war, und ausgeprägter bei dem 1965 geborenen Marcel Beyer, der einen eindrücklichen Zyklus mit dem Titel *Bienenwinter* schrieb (in seinem Gedichtband *Erdkunde*, 2002): »Die Honigbiene kennt / den Menschen nicht, / rotblind, sie orientiert sich / nicht an dir, sie kennt / die Birken und Robinien, / Buchweizenwiesen. Aber / du hörst doch, wie sie / spricht: geh du nach Farben.« In seinem poetologischen Essay *Mein Bienenjahr lesen* spinnt der Autor die Analogien zwischen Imkerei und Schreibkunst absichtsvoll fort: »Ja, Bienen und Bienenwirtschaft sind ein alter, gut gefüllter Bildspeicher für die Dichter. Und Imkerbilder eignen sich vorzüglich, um das Schreiben zu erfassen ... Diese ungeheure Intensität – alle Sinne werden gefordert, jede Nervenfaser ist angesprochen, da ich mich in ein Wechselspiel begebe, sei es nun mit dem Bienenvolk oder mit der Sprache ... Die Bienen reagieren auf ihren Imker, aber sie kennen den Imker nicht. So auch die Sprache. Ich gehe mit ihr um, ich lenke sie ein Stück, sie kommt mir entgegen, im nächsten Augenblick entgleitet sie mir wieder ... Die Sprache kennt mich nicht. Ganz wie das Bienenvolk behält sie immer ihr Geheimnis, lebt und verwandelt sich nach eigenen Gesetzen.«

Kann man die Gemeinsamkeiten besser ausdrücken? Marcel Beyer ist jedoch nicht der einzige zeitgenössische Schriftsteller, der sich inspiriert über den Bienenstock beugte. Der 1942 geborene österreichische Autor Gerhard Roth lässt sich in seinem Text *Über Bienen* zu immer neuen Bildern und Vergleichen weitertragen. Zunächst meint der Bienenstock ein Gehirn, dann das sternenreiche Universum: »Bienen hatten für mich immer etwas mit dem Gehirn, dem Denken zu tun: Die Bienenstöcke erinnern an den Kopf, die Waben an die grauen Zellen, die Bienen an Wahrnehmungen und Gedanken, und pausenlos und unsichtbar wirkt die Sexualität. (...) Schon bald erkannte ich im Universum, in der Sternenwelt des ›stockdunklen‹ Kosmos, in den Meteoriten, den Sternenhaufen, Spiralnebeln, Sonnen und Monden Analogien wieder ...« Doch Roth ist Romancier, weder Imker, Neurologe noch Astronom, weshalb natürlich auch literarische Assoziationen auftauchen. Der Bienenstock ist ... ja, gewiss doch, Kafka! »Das Universum der Honigbiene ist voller kafkaesker Gesetze, voller Strafkolonie, Verwandlungs- und Prozessgeschichten, es wäre ein blutiger magischer Stoff für einen Bienenschriftsteller, könnten die Bienen schreiben.«

Einstweilen produzieren die Bienen ihren eigenen Honig, und keiner wird ihnen noch die Schreibkunst abverlangen. Dafür sind die Schriftstellerkollegen da, Arbeitsteilung muss sein. Aber es ist doch verblüffend, zu welchen Metaphernflügen und Vergleichen so ein kleines Summsumm-Bienchen anregen kann. Es ist, als sei auch in der deutschsprachigen Gegenwartslyrik das Bienenfieber ausgebrochen. Der Kritiker Michael Braun schrieb: »In seltsamer Obsession tanzt die zeitgenössische Dichtung derzeit den Bienentanz.« Kathrin Schmidts *blinde bienen* können uns die Augen dafür öffnen oder als jüngstes Beispiel die 1980 geborene Sandra Trojan in ihrem Debütband *Um uns arm zu machen* (2009). Ihr Gedicht *Wenn ich in Bienen spreche* meint das selbstbewusste Sprechen in vielen Zungen, die sublime Polyglossie der Poesie: »Wenn ich in Bienen spreche / meine ich Unschärfe, Murmeln / Nektar am Mund.«

Das sinnliche und suggestive Sprechen der Poesie ruft förmlich nach den Bienenbildern. Das Bienensummen ist noch einmal Ur-Melodie. Vergils Bienenlob findet sein spätes Echo in der Gegenwart. Die zeitlichen Gräben scheinen überwunden. Heute stehen die Dichter in Mobilfunkverbindung mit Platons *Ion*-Dialog, wo Sokrates von den enthusiastischen Dichter-Bienen spricht, die den Nektar der Musen einsammeln und in Trance zum Sprachrohr des Göttlichen werden. Ob auf Museumsdächern, Opernhäusern oder in zeitgenössischen Versen: Bienensummen allenthalben.

Die Welt ist ein Wachsen von Waben

Mehrmals war ich im Jahr nach der ersten Begegnung am blütenduftenden Obstgartenweg vom Fahrrad gestiegen, hatte über den Drahtzaun geschaut, doch Mister Beekeeper tauchte nicht mehr auf. Hatte ich den falschen Tag erwischt? Hatte ich den guten Mann nur geträumt? Eines Tages fehlten die Bienenkästen auf dem Grundstück. Wohin waren sie entschwunden? Oder war der Imker verstorben? Zur Biene geworden, weggeflogen? Im Volksglauben diverser Landstriche ist die Assoziation der Biene mit der Seele verbreitet. Im Engadin habe ich einmal von einem alten Einheimischen gehört, dass die Seelen der Menschen in Gestalt von Bienen die Welt verlassen, aus dem Mund des Toten fliegen. Auffliegen ins Licht. Bienen als Seelen oder als Begleiterinnen der Seele – ein uralter Glaube, der noch in Hugo von Hofmannsthals Gedicht *Lebenslied* anklingt: »Der Schwarm von wilden Bienen / Nimmt seine Seele mit.« Victor Hugo behauptet hochgemut in seinem Roman *Dreiundneunzig* aus dem Jahr 1874: »Nichts gleicht einer Seele so sehr wie eine Biene, sie geht von Blume zu Blume wie eine Seele von Stern zu Stern, und sie bringt den Honig zurück wie die Seele – das Licht.«

Doch der rundliche Mann vom Nachbargrundstück beruhigte mich. Nein, mein Imker-Gewährsmann sei auf seine alten Tage in die Heimat zurückgekehrt. Wo das sein könnte? Das wisse er nicht. Keine Adresse? Keine. Er mache seinen Honig nun einfach anderswo. Ich schreibe meine buchstäblichen Bienentänze zu Ende, stecke ein paar Kapitel in einen Umschlag und setze als Adresse darauf: Mister Beekeeper, Bienenparadies, Anderswo.

Aber mein Bienengeflüster war damit noch nicht zu

Ende. Ist die Vergegenwärtigung der kulturellen Biographie der Honigbiene ein wirksames Mittel gegen ihr Verschwinden? Kaum. Und ist die Krise des Bienensterbens ausgestanden? Ja. Nein. Noch immer ist die Gefährdung der Biene durch Pestizide, neue Viren und alte Faulbrut, durch *Varroa* und *Nosema* und andere Parasiten akut. Ihre Lebensqualität nimmt durch Luftverschmutzung, Monokulturen, Elektrosmog, genveränderte Nahrung ständig ab. Das apokalyptische Szenario von 2007 hat sich in diesen Ausmaßen – bisher – nicht wiederholt. Doch zu verharmlosen gibt es nichts. Die Vereinten Nationen schlugen am 10. März 2011 Alarm. Experten des Umweltprogramms UNEP stellten in Genf ihre Studie vor, laut welcher die Bienenpopulation in der stark industrialisierten nördlichen Hemisphäre in den vergangenen Jahren um 30 Prozent zurückgegangen sei. Im Nahen Osten betrug der Rückgang sogar 85 Prozent. Die unverblümte Pressemitteilung titelte: *Bees Under Bombardment.*

Was kann zur Erhaltung der von der Biene bestäubten Welt noch getan werden? »Die Art, wie die Menschen mit den Naturressourcen umgehen, wird unsere gemeinsame Zukunft im 21. Jahrhundert bestimmen«, erklärte ein UNEP-Sprecher. Tatsächlich sind Bienenwesen und Zukunft in enger Verknüpfung zu sehen. Hatte nicht schon Maurice Maeterlinck 1901 in *Das Leben der Bienen* geschrieben: »Der Gott der Bienen ist die Zukunft«? Hoffen wir nur noch? Oder tun wir alles, damit die Bienen überleben können? Drücken wir ihnen die Daumen? Oder auch uns?

Es war abzusehen, dass das Thema Bienensterben irgendwann in der Science-Fiction- oder Antizipationsliteratur auftauchen würde. Wo immer eine beklemmende Bedrohung auftaucht, wird sie gewiss in die Literatur eingeschleust. Der 1961 geborene kanadische Bestsellerautor Douglas Coupland hatte 1991 mit seinem Roman *Generation X* einen Welterfolg gelandet. Es war ein Manifest gegen Konsumexzesse, die Abstumpfung durch die Allzeitverfügbarkeit jeder Ware, und ein Plädoyer für die Suche nach neuen Werten. Im Jahr 2009 berief er sich in *Generation A* schon im Titel noch einmal auf sein bekanntestes Buch. Der Roman spielt im Jahr 2024, in einer Welt, in der die Rohstoffe knapp, die Naturkatastrophen häufig – und die Bienen ausgestorben sind. Obst ist Luxus, Blüten werden von Hand bestäubt. Die Menschen jener Zeit leiden Mangel: an Liebe, gegenseitigem Interesse, schlichtem Antrieb.

Die allmächtige Pharmaindustrie liefert mit der Wunderdroge »Solon« das passende Heilmittel – das zugleich die Krankheit fördert. Denn dank »Solon« wird die Angst vor der Zukunft beseitigt, die Zeit beschleunigt und die Langeweile aufgehoben. Liebesmangel und Einsamkeit werden erträglich, die Einlullung ist perfekt, die Einzelwesen sind ruhiggestellt und grinsen zufrieden, sie brauchen keine Mitmenschen mehr. Dann werden an fünf verschiedenen Orten der Welt – auf einem Maisfeld in Iowa, einer Straßenkreuzung in Neuseeland, in Paris, in Kanada und auf Sri Lanka – fünf Menschen von Bienen gestochen, die es eigentlich gar nicht mehr geben dürfte. Spezialkommandos spüren die Gestochenen auf, in einem Labor werden ihre Gene untersucht, auf einer Insel vor der Küste Alaskas werden sie festgesetzt und beobachtet. Gemeinsam ist ihnen, dass sie nicht von der »Solon«-Droge abhängig sind und dass die Bienen sie offenbar deshalb »ausgesucht« haben. Ihr Immunsystem verfügt über etwas, was der neuen Droge widersteht. Das Verschwinden der Bienen und die »Solon«-Produktion nämlich hängen auf mysteriöse Weise zusammen. Die fünf gestochenen Auserwählten bilden vielleicht die Keimzelle einer neuen Gemeinschaft, in der Kommunikation und Kooperation – die Honigbienen sind dafür Vorbilder – wieder hochgehalten werden.

O selige Utopien! Die Bienen sind also einmal mehr Hoffnungsträger in einer gefährdeten Gegenwart, ihnen wird die Potenz zur Veränderung der Welt zugemutet. Nur hoffnungsfrohes Gefasel? Couplands leicht konfuse Anti-Utopie – die Aldous Huxleys Roman *Schöne neue Welt* (1932) einiges verdankt – ist insofern typisch für unsere Epoche, als das Bienensterben unseren Zeitgenossen dunkle apokalyptische Signale sendet, die auch literarisch nach einer Antwort rufen.

Der Mensch hat die Biene krank gemacht. Kann die Welt an der Biene genesen? Sind die Irrtümer umkehrbar? Beim spanischen Dichter Antonio Machado (1875 bis 1939), in seinen *Soledades* (Einsamkeiten), stieß ich auf das Gedicht *Letzte Nacht als ich schlief*, dessen zweite Strophe von der Heilung »alter Irrtümer« durch die verwandelnde Kraft der Bienen spricht: »Letzte Nacht als ich schlief / träumte ich – wunderschöne Illusion! / dass ich einen Bienenstock / im Herzen hatte; / und die goldenen Bienen / machten aus meinen alten Fehlern / weißes Wachs und süßen Honig.« Aus dem Verfehlten und Missglückten könnten also – zumindest im Traum, in der Phantasie – neues Baumaterial und wunderbare Nahrung werden, dank der Fähigkeit der Biene, einen uralten Stoff in etwas Neues zu verwandeln. Den Traum der Heilung des Menschen von seinen Irrtümern hat Machado exemplarisch geträumt. Bloße eskapistische Phantasterei?

Bienen machen träumen, ihr Summen löst Träume aus. Es ist die Melodie der Träume, schon bei den Hirten in

Vergils Welt. Und Salvador Dalís surrealistisches Gemälde *Traum, verursacht durch den Flug einer Biene um einen Granatapfel, eine Sekunde vor dem Aufwachen* von 1944 bekräftigt das einschlägige Wirken der summenden Hautflügler. Im Bildzentrum eine lasziv im Himmelblau sich räkelnde nackte Schöne, die von zwei Tigern träumt. In der unteren Bildmitte der Granatapfel, um den die Biene kreist. Ja, Bienen machen träumen.

Alle Macht der Phantasie! Alle Macht den Bienen? Der in Theresienstadt umgekommene französische Surrealist Robert Desnos (1900 bis 1945)[*], der mit seinen *Singfabeln* so manches Kriegskind verzaubert hatte (sie erschienen 1944 im besetzten Paris, als er bereits von KZ zu KZ verfrachtet wurde), beschwört in seinem Gedicht *Geschichte einer Biene,* wie er seinen poetischen »Bienenstock« im »Kopf eines Kindes« einrichtete: »Ich hab meinen Bienenstock / in den Kopf gesetzt dem Kind, / solang zum Krug die Biene noch / fliegt, blüht die Blume darin.« Der Text findet sich natürlich in unserer »Wabe voller Gedichte« am Schluss dieses Buches. Er macht klar, was der Dichter damit gottgleich installiert: die Phantasie, die Fähigkeit zu staunen …

Ich staune immer wieder, wie viele Bienenzüchter es unter Geistesmenschen gibt. Der römische Dichter Vergil und der Kirchenvater Augustinus, der belgische Symbolist Maeterlinck und der Comic-Erfinder Wilhelm Busch, der russische Literaturgigant Lew Tolstoj und die amerikanische Dichterin und Feminismus-Ikone Sylvia Plath waren passionierte Imker, und viele andere mit ihnen.

---

[*] Er ist einer meiner Lieblingsdichter, o ihr Bienen. Vgl. meinen Essay »Delirierend und hellsichtig. Halbschlafträume und die falsche Schachtel Schokolade: Robert Desnos« in: Ralph Dutli, NICHTS ALS WUNDER. Essays über Poesie. Zürich 2007, S. 68-80

Lew Tolstoj war so sehr von seinen Bienenstöcken auf dem Landgut Jasnaja Poljana besessen, dass seine Frau um seine geistige Gesundheit fürchtete. Tolstoj lebte gleichsam mit den Bienen, der Bienenstand war für ihn nicht weniger als – die Mitte der Welt. Und kein Wunder: Sein Hauptwerk *Krieg und Frieden* wimmelt geradezu von Bienenvergleichen und Bienengleichnissen, die immerzu den Imkerblick verraten. Ob er die Betriebsamkeit vor einer frühmorgendlichen Schlacht beschreibt oder ein dem verdutzten Napoleon offenstehendes, von allen Einwohnern verlassenes Moskau (»Moskau war leer … wie ein absterbender, seiner Königin beraubter Bienenstock«), oder dann im Epilog seines gigantischen Epos über den Endzweck der Menschheitsgeschichte sinniert – immer hat Tolstoj den Vergleich mit der Bienenwelt zur Hand. Die Biene ist also die geheime Beherrscherin eines Hauptwerks der Weltliteratur. Oder vielleicht sogar der ganzen Weltliteratur?

Das scheinbar so eng beschränkte Szenario im Bienenstock und das einförmige Außenleben haben in der menschlichen Kulturgeschichte vielfältige, facettenreiche Kapitel inspiriert. Natur und Kultur greifen im Bienenthema energisch ineinander. Die Biene ist eine Vertreterin absoluter Natürlichkeit, was den Künstler selbstverständlich reizt und fasziniert, denn er weiß um die Künstlichkeit seiner Hervorbringungen, die immer nur der Natur hinterher schwärmen können. Damit hat auch das Rätsel zu tun, das die Königin von Saba ihrem Gast, dem König Salomo (um 965 bis 926 v. Chr.) gestellt haben soll, um seine Weisheit auf die Probe zu stellen. Sie zeigte ihm zwei Rosen, die sich täuschend ähnlich sahen, und fragte: »Welche ist die echte, welche ist die künstliche?« Salomo lässt Bienen in den Raum bringen und beobachtet, auf welche Blüte sie sich niederlassen. So werden die Bienen zu Salomos kleinen Helferinnen.

Schiere Faszination, viel Lobpreis, staunende Ehrfurcht und rückhaltlose Bewunderung finden sich in der kulturellen Biographie der Honigbiene versammelt. Aber gibt es denn keinerlei Einspruch, keine regelrechte Beschimpfung der Biene? Aber ja doch, auch die gibt es. Der sprichwörtliche Bienenfleiß, die selbstvergessene, instinktgetriebene, dem Gemeinwesen dargebrachte Plackerei, diese bis zur Erschöpfung abgearbeitete Kurzlebigkeit – sie haben auch Unverständnis und Kopfschütteln hervorgerufen. Der griechische Philosoph Demokrit (460 bis 370 v. Chr.) soll Bienen verabscheut haben, weil sie den »Geizigen« ähnlich seien: »Sie mühen sich ab, als ob sie ewig leben würden«. Und auch Charles Dickens (1812 bis 1870), der in seinen Romanen Kinderarbeit und empörende soziale Ungerechtigkeit anklagte, fand in seinem letzten Roman *Unser gemeinsamer Freund* (1864), dass die Bienen wirklich zu viel des Guten tun, dass sie mit ihrem enormen Fleiß schlicht übertreiben (»they overdo it«). Soll menschlichen Schwerarbeitern das Recht auf Ruhe und Entspannung abgesprochen werden, nur weil das emsige Bienenvolk für sich keine Ferien vorsieht? Der Räuberhauptmann Karl Moor spricht in Friedrich Schillers Stück *Die Räuber* (III, 2) abschätzig von den »Bienensorgen« der Menschen, die sich abkämpfen in einem letztlich sinnlos erscheinenden Kreislauf: »Bruder, ich habe die Menschen gesehen, ihre Bienensorgen und ihre Riesenprojekte, ihre Götterpläne und ihre Mäusegeschäfte, das wunderseltsame Wettrennen nach Glückseligkeit … Es ist ein Schauspiel, Bruder, das Tränen in deine Augen lockt, wenn es dein Zwerchfell zum Gelächter kitzelt.«

Die Bienen als fleißige Musterschülerinnen der Natur riefen also durchaus auch Befremden und Missbilligung hervor. Schließlich erschallt in der Weltliteratur wider den übertriebenen Bienenfleiß auch ein weithin hörbares »Lob der Faulheit«. Das *Recht auf Faulheit* forderte der französische Sozialist – und Schwiegersohn von Karl Marx – Paul Lafargue (1842 bis 1911) in seinem berühmten Manifest von 1883. Es sollte das vielgeforderte »Recht auf Arbeit« und die bürgerliche Arbeitsmoral widerlegen.

Und dieses Recht auf Faulheit kann sich – weiß der Bienengott – nicht auf die Honigbiene berufen. Oder doch? Vielleicht beruht der sprichwörtliche Bienenfleiß nur auf einem kapitalen Missverständnis? Verhaltensforscher haben nachgewiesen, dass Honigbienen nur 30 Prozent ihres Tages mit Arbeit verbringen – und auch nur im Sommer. Im Winter ist Nichtstun Gebot (Energie sparen!), die Bienen ballen sich zur Wintertraube, um sich gegenseitig zu wärmen, und laben sich sparsam an den Honigvorräten. Sollte das Sprichwort also lügen?

Der Einspruch ist aber ohnehin kaum hörbar, und die Bienenverächter sind in der absoluten Minderzahl. Es sind die notwendigen Querulanten im Chor der Lobesstimmen und rückhaltlosen Bewunderer. Die Honigbiene kann es sich leisten, sie zu überhören (wenn sie ein Hörorgan hätte). Dass es den Einspruch der überarbeiteten Menschheit ebenfalls gibt, ist kein Drama. Das Beste der Welt ist ihre Vielfalt – und das wiederum wissen die Bienen, die auf die Vielfalt von Blüten, Düften und Farben angewiesen sind, wenn sie gesund bleiben wollen, am besten.

Die Welt sei ein »unaufhörliches Wachsen von Waben«, schrieb der chilenische Dichter Pablo Neruda in seiner grandiosen *Ode an die Biene* (1957). Schreibende schaffen Texte, Texturen, Gewebe. Gewebe und Wabe sind – aber nur im Deutschen! – wortgeschichtlich von gleicher Herkunft. Das althochdeutsche *waba* meinte ein »Gewebe«. Die Schriftbesessenen weben also weiter an ihrer Welt-Wabe.

Ein schönes Paradox: Der Künstler, der Kunst als den Ausdruck seiner Individualität schafft, träumt vom Bienenwesen, in dem das Individuum keine Rolle zu spielen scheint. Vielleicht brauchte es die Phantasie eines Schriftstellers, um das Gegenteil zu behaupten. Lars Gustafsson hält in seinem Roman *Der Tod eines Bienenzüchters* fest: »Es gibt enorm persönliche Völker. Es gibt faule und fleißige, aggressive und sanfte Bienenvölker. Es gibt leichtsinnige und unsolide, und weiß der Teufel, ob es nicht Völker gibt, die Sinn für Humor haben, und andere, denen er fehlt.« Hoffen wir für die Bienenkunst, dass der Humor auch unter ihnen existiert!

Seit mehreren Tagen kommt jeweils am Morgen, wenn ich mit dem Laptop auf den Knien bei der halbverglasten Türöffnung schreibe, die von meinem Arbeitszimmer auf den winzigen Balkon hinausgeht, so dass ich fast schon in einem Baum sitze, eine einzelne Biene zu mir herein. Sie schaut sich neugierig um, als suche sie etwas Bestimmtes (natürlich weiß ich – was), bleibt einen Moment lang unschlüssig, leicht schräg über mir in der Luft beinahe stehen und dreht dann schroff ab, zur offenen Glastür wieder hinaus. Vermutlich enttäuscht, dass es hier nur Unordnung und Bücher gibt, zwar leuchtende lockende Farben, aber nur von Buchrücken, nur verstreute Blätter mit allerlei Bildern, aber leider keine Blumen und Blühmuster, und ohne *jenen* Duft, der sie anzieht, verlässt sie mich mit einem gewissen Vorwurf.

Natürlich bilde ich mir nur ein, es sei immer die gleiche Biene, denn ihr feines Gedächtnis müsste einer Biene verbieten, dorthin zurückzukehren, wo beim besten Willen keine Futterquelle auszumachen ist. Jedenfalls schaut die eine Einzelne treu jeden Morgen herein, gleichsam fragend, ob meine merkwürdige Wabe aus lauter Buchstaben endlich fertig sei, dieses gesammelte Bienengeflüster, Bienenraunen, dieses an- und abschwellende Summen der Bienenphantasien, Bienentraumtänze. Mit der Zeit genieße ich diesen Besuch, warte schon auf ihn, und er kommt auch, mit einer rührenden Regelmäßigkeit. Und der Besuch war schon ein solches Tagesritual geworden, dass ich bald darauf nachts von ihm träumte. In dem Traum tritt mein Sohn Boris ins Zimmer, mit einer merkwürdigen, niegesehenen Mütze, schaut mich verwundert an, bemerkt die in der Luft stehende Biene schräg über meinem Kopf, weist mit dem ausgestreckten Arm auf die kleine Botschafterin und sagt: »Schreib aber bitte auch über sie!«

Schon geschehen.

Eine Wabe voller Gedichte

Kleine Anthologie der Bienengedichte

De ape electro inclusa

Et latet et lucet Phaetontide condita gutta,
Ut videatur apis nectare clausa suo.
Dignum tantorum pretium tulit illa laborum.
Credibile est ipsam sic voluisse mori.

Die Biene im Bernstein

Verhüllt leuchtet sie in Phaetons Tränentropfen,
als wäre sie eingeschlossen in ihren eigenen Nektar.
So vieler Mühen würdig ist der Preis, den sie gewann:
Man glaubt, so zu sterben habe sie selber gewollt.

*

Verborgen blitzt die Biene im Bernstein,
wie beschlossen in der bunten Blase.
Belohnung für Billionen bleierner Blumen:
Blendender Tod, bleibend begehrt.

*

Lichtvoll lagert die Biene im Bernsteintropfen,
Gefangene, scheint es, ihres eignen Nektars.
Würdiger Preis ihrer ungezählten Mühsal:
So zu sterben war wohl ihr einziger Wunsch.

Übertragung und Variation Ralph Dutli

PIERRE DE RONSARD (1521-1585)

An Jean Passerat

Mein Freund, ich will der Honigbiene gleichen,
Die bald die rote Blume mag erreichen
Und bald die gelbe; fort von einer Wiesenwelt
Hinaus zur nächsten streift, wie's ihr gefällt,
Für ihren Winter Proviante pflückend;
So bin auch ich, glaub mir, wenn ich entzückt in
Den Büchern blättre, sammle, Schönes zähle,
Dass hundert Farben ich für *ein* Bild wähle
Und gleichviel für das andere, begeistert
Und ohne Zwang: nach der Natur – dein Malermeister …

Übertragung Ralph Dutli

MARTIN OPITZ (1597-1639)

Sonett an die Bienen

Ihr Honigvögelein, die ihr von den Violen
Und Rosen abgemeit den wundersüßen Saft,
Die ihr dem grünen Klee entzogen seine Kraft,
Die ihr das schöne Feld so oft und viel bestohlen,

Ihr Feldeinwohnerin', was wollet ihr doch holen
Das, so euch noch zur Zeit hat wenig Nutz geschafft,
Weil ihr mit Dienstbarkeit des Menschen seid behaft'
Und ihnen mehrenteils das Honig müsset zollen?

Kommt, kommt zu meinem Lieb auf ihren Rosenmund,
Der mir mein krankes Herz hat inniglich verwundt,
Da sollt ihr Himmelspeis auch überflüssig brechen:

Wann aber jemand sie will setzen in Gefahr
Und ihr ein Leid antun, dem sollst du starke Schar
Für Honig Galle sein und ihn zu Tode stechen.

Paul Fleming (1609-1640)

An die Bienen

Schlagt eure Werkstatt auf in dieser Linden hier,
Die hohl ist von Natur, ihr Honigmeisterinnen.
Die Aue hier, durchnässt mit so viel kalter Brünnen,
Die bringt gesundes Gras und feisten Klee herfür.

Hier wirket euer Werk, das süße, nach Begier.
Hier pfleget oft zu gehn der Preis der Venusinnen,
Konkorda, meine Lust, die ganz mein Herz hat innen.
Weil ich sie lassen muss, so wachet ihr bei ihr.

Geschieht es, dass vielleicht ein Andrer ihr schleicht nach,
Indem sie bei euch ist und diesen schönen Flüssen,
Und will mit Hinterlist ihr süßes Mündlein küssen,

Das euch auch süßer macht, so sollt ihr meine Schmach,
Ihr Feinde der Gewalt, aus rechtem Eifer rächen
Und diesen frechen Mund alsbald zu Tode stechen.

Ursprung der Bienen

Mädchen, habt ihr nicht vernommen
Wo die Bienen hergekommen?
Mädchen, habt ihr nicht erfahren
Was der Venus widerfahren
Als sie den Adonis liebte,
Der sie liebt' und auch betrübte?
Wann im Schatten kühler Myrten
Sie sich kamen zu bewirten,
Folgte nichts als lieblich Liebeln,
Folgte nichts als tückisch Bübeln,
Wollten ohne süßes Küssen
Nimmer sie die Zeit vermissen,
Küssten eine lange Länge,
Küssten eine große Menge,
Küssten immer um die Wette,
Eines ward des andern Klette,
Bis es Venus so verfügte,
Die dies Tun sehr wohl vergnügte,
Dass die Geister, die sie hauchten,
Immer blieben, nie verrauchten,
Dass die Küsse Flügel nahmen,
Hin und her mit Heeren kamen,
Füllten alles Meer der Lüfte,
Wiesen, Wälder, Feld und Klüfte,
Paarten sich zum Küssen immer,
Hielten ohne sich sie nimmer,
Saßen auf die Menschentöchter,
Machten manches Mundgelächter,

Wann sie sie mit Küssen grüßten,
Wann sie sie mit Grüßen küssten.
Aber Neid hat scheel gesehen
Und Verhängnis ließ geschehen,
Dass ein schäumend wilder Eber
Ward Adonis' Totengräber.
Venus, voller Zorn und Wüten,
Hat gar schmerzlich dies erlitten.
Als sie mehr nicht konnte schaffen,
Ging sie, ließ zusammenraffen,
Aller dieser Küsse Scharen,
Wo sie zu bekommen waren,
Macht' daraus die Honigleute,
Dass sie geben süße Beute,
Dass sie aber auch daneben
Einen scharfen Stachel gäben,
So wie sie das Küssen büßen
Und mit Leid verbittern müssen.
Sag ich dieses einem Tauben,
Und ihr Mädchen wollt's nicht glauben,
Wünsch ich euch, für solche Tücke,
Dass euch Küssen nie erquicke!
Glaubt ihrs aber, oh, so schauet,
Dass ihr nicht dem Stachel trauet!

JEAN DE LA FONTAINE (1621-1695)

Die Hornissen und die Bienen

In seinem Werk stellt sich der Künstler dar.

Hornissen stritten einst mit einer Bienenschar
Um ein paar herrenlose Honigwaben.
Ein jeder meinte Recht zu haben,
Die Waben in Besitz zu nehmen.
So muss man endlich sich bequemen,
Als Schiedsrichter die Wespe zu befragen.
Ein Richterspruch indes war schwer:
Die Zeugen konnten nur das eine sagen,
Dass längliche beflügelte Insekten
Einst eifrig schaffend in den Waben steckten;
Gewiss, sie glichen wohl den Bienen sehr,
Doch ach, die vorgenannten Zeichen
Sind bei Hornissen fast die gleichen.
Die Wespe nun, um in die Sache Licht zu tragen,
Beschloss, ein Volk Ameisen zu befragen;
Umsonst: der Fall war nicht zu schlichten.
Da rief ein Bienchen in besorgtem Ton:
»Sechs Monde hängt die Sache schon,
Doch ist kein Fortschritt zu berichten.
Der Honig wird uns noch verderben.
Ein schneller Spruch tut not, sonst frisst
Den süßen Stoff der Bär mit seinen Erben;
Drum lasst das unnütz viele Fragen,
Das Wortewägen und das Hin und Her,
Da ein viel bessres Mittel ist,
Den Streitfall endlich auszutragen:

Lasst uns und auch den Gegner Waben bauen!
Gewiss ist die Entscheidung dann nicht schwer,
Denn wessen Zellen jenen ähnlich schauen,
Die hier in Frage stehn, der ist im Recht.«
Da wehrten die Hornissen sich nicht schlecht,
Und ihre Weigrung zeigte klar,
Welche Partei im Unrecht war.
Der Honig wurde unverweilt
Den klugen Bienen zugeteilt.

Wollt Gott, ein jeder Streitfall würde so geschlichtet,
Dass nicht ein Paragraph, nein, klare Einsicht richtet!
Ja, folgten wir hierin den Orientalen
So brauchtes wir nur halb so viel zu zahlen,
So aber ist's der Richter, der gewinnt,
Für den die schönen fetten Austern sind,
Und für den Kläger bleiben nur die Schalen.

Übertragung Theodor Etzel

Gotthold Ephraim Lessing (1729-1781)

Die Biene

Als Amor in den goldnen Zeiten
Verliebt in Schäferlustbarkeiten
Auf bunten Blumenfeldern lief,
Da stach den kleinsten von den Göttern
Ein Bienchen, das in Rosenblättern,
Wo es sonst Honig holte, schlief.

Durch diesen Stich ward Amor klüger.
Der unerschöpfliche Betrüger
Sann einer neuen Kriegslist nach:
Er lauscht in Rosen und Violen;
Und kam ein Mädchen sie zu holen,
Flog er als Bien heraus, und stach.

Johann Wolfgang von Goethe (1749–1832)

Das Wiedersehn

Er

Süße Freundin, noch *einen*, nur *einen* Kuss noch gewähre
Diesen Lippen! Warum bist du mir heute so karg?
Gestern blühte der Baum wie heute,
                       wir wechselten Küsse
Tausendfältig; dem Schwarm Bienen verglichst du sie ja,
Wie sie den Blüten sich nahn und saugen,
                       schweben und wieder
Saugen und lieblicher Ton süßen Genusses erschallt.
Alle noch üben das holde Geschäft.
                       Und wäre der Frühling
Uns vorübergeflohn, eh sich die Blüte zerstreut?

Sie

Träume, lieblicher Freund, nur immer! rede von *gestern!*
Gerne hör ich dich an, drücke dich redlich ans Herz.
Gestern, sagst du? – Es war, ich weiß,
                       ein köstliches Gestern;
Worte verklangen im Wort, Küsse verdrängten den Kuss.
Schmerzlich war's, am Abend zu scheiden,
                       und traurig die lange
Nacht von gestern auf heut, die den Getrennten gebot.
Doch der Morgen ist wieder erschienen.
                       Ach! dass mir indessen
Leider zehnmal der Baum Blüten und Früchte gebracht!

KAROLINE VON GÜNDERRODE (1780-1806)

Einer nur und Einer dienen

Einer nur und Einer dienen
Das ermüdet meine Seele.
Rosen nur und immer Rosen –
Andre Blumen blühn noch bunter.

Wie die Bienen will ich schwärmen,
Mich in Traubenglut berauschen,
In der Lilie Weiß mich kühlen,
Ruhen in der Nacht der Büsche.

In die heitre freie Bläue,
In die unbegrenzte Weite
Will ich wandeln, will ich wallen,
Nichts soll meine Schritte fesseln.

Leichte Bande sind mir Ketten,
Und die Heimat wird zum Kerker.
Darum fort und fort ins Weite,
Aus dem engen dumpfen Leben.

Reg erfasst mit regem Sinne
Alles Holde, alles Schöne,
Keinem ganz sich hingegeben,
Keine Grenze dem empfinden.

Wehe! wer mit engem Sinne
Einem nur, sich Einem weihet,
Schmachvoll rächt sich an dem Armen
Alles was er streng verschmähet.

CLEMENS BRENTANO (1778-1842)

Die Lilie blüht

Die Lilie blüht, ich bin die fromme Biene,
Die in der Blätter keuschen Busen sinkt,
Und süßen Tau und milden Honig trinkt,
Doch lebt ihr Glanz, und bleibet ewig grüne
So ist dann selig mein Gemüt
Weil meine Lilie blüht!

Die Lilie blüht, Gott, lass den Schein verziehn,
Damit die Zeit des Sommers langsam geht,
Und weder Frost noch andre Not entsteht,
So wird mein Glück in dieser Lilie blühn,
So klingt mein süßes Freudenlied:
Ach, meine Lilie blüht!

WILHELM MÜLLER (1794-1827)

Die Biene

Biene, dich könnt ich beneiden,
Könnte Neid im Frühling wachsen,
Wenn ich dich versunken sehe,
Immer leiser leiser summend,
In dem rosenroten Kelche
Einer jungen Apfelblüte.
Als die Knospe wollte springen
Und verschämt es noch nicht wagte,
In die helle Welt zu schauen,
Jetzo kamst du hergeflogen
Und ersahest dir die Knospe;
Und noch eh ein Strahl der Sonne
Und ein Flatterhauch des Zephyrs
Ihren Kelch berühren konnte,
Hingest du daran und sogest.
Sauge, sauge! – Schwer und müde
Fliegst du heim nach deiner Zelle:
Hast dein Tagewerk vollendet,
Hast gesorgt auch für den Winter!

Wie die Biene

Wie die Biene
Flogest du,
Froher Miene
Sogest du
Blütentau, o welchen
Tau aus allen Kelchen
Saugend zogest du!

Wie die Biene
Labest du,
Süßer Miene
Gabest du
Honig nur den deinen,
Und wir dachten, keinen
Stachel habest du.

Unsre Biene
Warest du,
Sanfter Miene
Sparest du
Nur dein Gift, und solchen
Stachel nun gleich Dolchen
Offenbarest du.

Wie die Biene
Flogest du,
Frommer Miene
Logest du,
Ließest wund die Herzen
Und den Seim für Schmerzen
Uns entzogest du.

Wie die Biene
Sei nicht bang,
Froher Miene
Mein Gesang!
Diese Schmerzen taugen,
Lust daraus zu saugen
Unter Bienenklang.

GOTTFRIED KELLER (1819-1890)

Ich halte dich in meinem Arm, du hältst die Rose zart,
Und eine junge Biene tief in sich die Rose wahrt;
So reihen wir uns perlenhaft an einer Lebensschnur,
So freun wir uns, wie Blatt an Blatt sich an der Rose schart.
Und glüht mein Kuss auf deinem Mund,
                                    so zuckt die Flammenspur
Bis in der Biene Herz, das sich dem Kelch der Rose paart!

Emily Dickinson (1830-1886)

Wär ich nur endlos unterwegs
So wie im Gras die Biene
Zu Gast nur wo es mir gefällt
Und mich besuchte keiner

Ich flirtete mit Butterblumen
Vermählte mich nach Lust
Und wohnte überall ein wenig
Noch lieber lief ich just

Davon, und wenn ein Polizist
Mir folgte, ich vertriebe
Ihn an den Rand des Kontinents
Bis er vom Hals mir bliebe –

Ich sagte »Einfach Biene sein«
Auf einem Floß aus Luft
Taglang im Nirgendwo zu rudern
Zu ankern »weit vom Schuss«

O Freiheit! Glauben die Gefangenen
In enger Kerkergruft.

Übertragung Gunhild Kübler

PAUL VALÉRY (1871-1945)

Die Biene

Wie immer fein und tödlich sei der Sinn
Von deinem Stachel, blondes Bienenwort,
Ich warf auf meinen zart umschriebenen Ort
Nur diesen Traum aus Spitze hin.

Stich das Gefäß der schönen Brust beschwingt
Auf welcher Amor schläft – nur scheinbar tot,
Damit ein wenig auch von meinem Rot
In das rebellisch runde Fleisch eindringt.

Ich brauche nichts als diese scharfe Qual:
Brennendes Übel, ein lebendiger Stich
Sind mehr wert als die schlafende Tortur.

Sei also mein Erleuchtungslicht
Durch dieses goldene Alarmsignal
Weil Liebe sonst nur stirbt: als Einschlafkur!

Übertragung Ralph Dutli

Antonio Machado (1875-1939)

Ist mein Herz in Schlaf gesunken?
Bienenvölker meiner Träume,
regt ihr euch nimmer? Ist trocken
das Schöpfrad meiner Gedanken?
Kreisen leer die Brunnenkübel,
nur noch mit Dunkel gefüllt?

Nein, mein Herz liegt nicht im Schlaf.
Es ist wach, ist hell erwacht.
Weder schläft's noch träumt's. Es schaut
mit klaren, offenen Augen
ferne Zeichen, und es horcht
am Ufer des großen Schweigens.

Übertragung Fritz Vogelsang

GUILLAUME APOLLINAIRE (1880-1918)

Mondlicht

Honigtriefender Mond mit seinen Wahnsinnslippen
Obstgärten Dörfer wollen nachtlang gierig nippen
Gestirne gleichen wirklich sehr den Bienen
Wenn lichtvoll Honig runtertropft von ihnen
Und hier ganz süß vom prallen Himmelszelt
Ein jeder Mondstrahl wabengleich herunterfällt
Versteckt versteh ich dieses süße Abenteuer
Vom Bienenstern fürchte ich sehr das Stachelfeuer
Der mir in meine Hände Strahlenwaben legt so fahl
Weil er für Mondhonig einzig die Windrose bestahl

Übertragung Ralph Dutli

GEORG HEYM (1887-1912)

Die Bienen fallen in den dünnen Röcken
Im Rauhreif tot aus den verblassten Lüften
Die nicht mehr kehren rückwärts zu den Stöcken.

Die Blumen hängen auf den braunen Stielen
An einem Morgen plötzlich leer von Düften,
Die bald im Staub der rauhen Winde sielen.

Die langen Kähne, die das Jahr verschlafen,
Mit schlaffem Wimpel hängend in der Schwäche,
Sind eingebracht im winterlichen Hafen.

Die Menschen aber, die vergessen werden,
Hat Winter weit zerstreut in kahler Fläche
Und bläst sie flüchtig über dunkle Erden.

Ossip Mandelstam (1891-1938)

Nimm dir zur Freude nun aus meinen Händen
Ein wenig Sonne und ein wenig Honig –
Nach dem Gebot der Bienen Persephones.

Nicht loszumachen ist das unvertäute Boot,
Nicht hörbar ist der pelzbeschuhte Schatten,
Nicht zu bezwingen ist im Lebenswald die Angst.

Uns bleiben einzig und allein die Küsse,
Die zottigen, sie sind wie kleine Bienen
Die sterben, kaum sind sie dem Korb entflogen.

Sie summen hell im Glasgesträuch der Nacht,
Ihr Heimatland – der dichte Wald Taygetos,
Als Nahrung: Zeit, das Honigkraut, die Minze.

So nimm zur Freude dir mein wildestes Geschenk,
Das schlichte Halsband aus den toten Bienen –
Sie schufen Honig, schufen aus ihm Sonne.

Übertragung Ralph Dutli

Federico García Lorca (1898-1936)

Gesang vom Honig

Der Honig ist Christuswort.
Das geschmolzene Gold seiner Liebe.
Das Jenseits des Nektars.
Mumie des Lichts im Paradies.

Der Bienenstock ist ein keuscher Stern,
Brunnen von Bernstein, der den Rhythmus nährt
all der Bienen. Weiblicher Schoß der Felder,
zitternd von Aromen und Summen.

Der Honig ist das Epos der Liebe,
Stofflichkeit des Unendlichen.
Seele und leidendes Blut der Blumen,
verdichtet durch einen anderen Geist.

(So ist der Honig des Menschen die Poesie,
die aus seiner schmerzenden Brust strömt,
aus einer Wabe mit dem Wachs der Erinnerung,
geformt von der Biene des Intimen.)

Der Honig ist die ferne Zuflucht
des Hirten, Schalmei und Olivenbaum.
Schwesterbruder der Milch und der Eicheln,
höchster Königinnen des Goldenen Zeitalters.

Der Honig ist wie die Sonne am Morgen,
er besitzt alle Anmut des Sommers
und die alte Frische des Herbstes.
Er ist das welke Blatt und der Weizen.

O göttlicher Likör der Demut,
heiter wie ein urtümlicher Vers!

Fleischgewordene Harmonie bist du,
der geniale Extrakt des Lyrischen.
In dir schläft die Melancholie,
das Geheimnis des Kusses und des Schreis.

Süßester. Süßer. Das ist dein Eigenschaftswort.
Süß wie die Bäuche der Tierweibchen.
Süß wie die Kinderaugen.
Süß wie die Schraffur der Nacht,
süß wie eine Stimme oder eine Lilie.

Für den der die Mühsal und die Leier trägt
bist du die Sonne, die den Weg erhellt.
Du kommst allen Schönheiten gleich,
der Farbe, dem Licht, den Tönen.

O göttlicher Likör der Hoffnung,
wo in vollendetem Gleichgewicht
Seele und Materie eine Einheit sind
wie in der Hostie – Christi Leib und Licht!

Und die höchste Seele ist die der Blumen.
O Likör der du diese Seelen vereint hast!
Wer dich kostet weiß nicht dass er
den goldenen Extrakt des Lyrischen schluckt.

Übertragung Ralph Dutli

ROBERT DESNOS (1900-1945)

Geschichte einer Biene

Biene summend im Sommermorgen,
Biene brummelnd in der Tasse,
Biene wo nur hast du dich verborgen?
Niemals müde, wer kann's fassen?

Ich hab meinen Bienenstock
in den Kopf gesetzt dem Kind,
solang zum Krug die Biene noch
fliegt, blüht die Blume darin.

Staunende Augen gab es zuerst,
Honig und Wachs flink gebaut,
ein Lächeln, Lachen, den gesummten Vers
und eine Frage, die sich traut.

Und wie's da tief drinnen im Gehirn
des Kindes brummt und summt,
entsteht das Staunen hinter der Stirn,
doch den Eltern wird's zu bunt.

Als es endlich mit Honig versorgt
war und mit reifem Wachs, hab ich's
verlassen samt seinem Ort
im Kuss eines Bienenstichs.

Doch keiner kann's aus der Erinnerung
scheuchen mein Bienensummsumm,
gießt man ihm faulen Wörterdung
ins Ohr, glaubt es ihn nicht, stellt sich dumm.

Den gießt man unverfroren
den Kindern in die wachen Ohren,
und Eltern sind – Komplizen …

Übertragung Ralph Dutli

Ode an die Biene

Großer Bienenschwarm! / Ein und aus fliegt er, /
aus dem Karminrot, dem Blau, / dem Gelb, /
der zartesten / Zartheit der Welt: / einzieht er in /
eine Blumenkrone / voll Hast, / Geschäfte zu treiben, /
und kommt hervor / mit goldenem Kleid /
und einer Unzahl / gelblicher Stiefel.

Vollkommenheit / von der Hüfte an, / der Unterleib /
von dunklen Stäben gestreift, / das winzige Haupt /
allzeit / gedankenvoll / und die / Flügel / frisch
aus Wasser geschaffen: / einfliegt sie / durch alle
die duftigen Fenster, / tut auf / die Tore der Seide, /
dringt in das Brautbett / der am schönsten duftenden
Liebe, / prallt / wie mit einem Diamanten / mit /
einem Tropfen / Tau zusammen, / und aus allen Häusern, /
die sie aufsucht, / schleppt sie / geheimnisvollen /
reichen schweren / Honig hervor, / Honig, dichtes Arom, /
flüssiges Licht, das niederfällt in dicken Tropfen, / bis sie
heimkehrt / in ihren / kollektiven / Palast / und in die
gotischen Bienenkörbe / den Ertrag / häuft /
von Blume und Flug, / die hochzeitliche Sonne,
die seraphische, / geheimnisvolle!

Getümmel der Bienen! / Unverletzliche / Hoheit /
der Eintracht, / wogende / Gemeinschaft! / Helltönende /
Ziffern / summen, / die wirken / den Nektar, /
vorübereilen / hurtige / Tropfen / Ambrosia: /
das ist die Siesta / des Sommers in den lichtgrünen /
Einsamkeiten / von Osorno. Hochoben, / da schlägt

ihre Lanzen die Sonne / fest in den Schnee, / hell
leuchten die Vulkane, / endlos / wie / Meere /
die Erde ist, / blau ist der Weltraum, / aber /
etwas ist da, / das zittert, es ist / des Sommers /
brennendes / Herz, / das Herz aus tausendfältigem /
Honig, / die sausende / Biene, / die knisternde /
Wabe / aus Flug und Gold!

Bienen, / nichts als Arbeiterinnen, / spitzbogige /
Werkfrau, / zarte, funkelnde / Proletarierinnen, /
vollkommene, / tollkühne Milizen, / die angreifen, /
selbstmörderischen Stachels, im Kampf, / summet, /
summt über / die Güter der Erde hin, / goldenes
Geschlecht, / Geschwärm du des Winds, / schüttelt
der Blumen Flammenbrand, / den Durst der Blütenfäden, /
den durchdringenden / Faden / Duft, / der die Tage
zusammenfügt, / und, / die feuchten Kontinente,
die fernsten / Inseln überfliegend des westlichen /
Himmels, / mehret den Honig.

Ja: / es möge das Wachs / grüne Statuen errichten, /
unendliche / Zungen / der Honig / verschwenden, /
und das Weltmeer sei / ein einziger / Bienenstock, /
die Erde / Turm und Tunika / aus Blüten, / und die Welt /
eine einzige Kaskade, / Haarflut, / ein unaufhörliches /
Wachsen / von Waben!

Übertragung Erich Arendt

Jan Skácel (1922-1989)

den rand mag er verfehlen   der dichter setzt
zur wehr sich wie die biene
und schenkt das eigene sterben
dem den er verletzt

*

in den scheunen trocknet aufgehängte stille
die bären meiner träume nahmen alle bienenstöcke aus
die zeit blieb stehn in ferner zukunft
und bleibt vergangen auf der tenne hinterm haus

Übertragung Rainer Kunze

Thema und Variation

In diesem Sommer blieb der Honig aus.
Die Königinnen zogen Schwärme fort,
der Erdbeerschlag war über Tag verdorrt,
die Beerensammler kehrten früh nach Haus.

Die ganze Süße trug ein Strahl des Lichts
in einen Schlaf. Wer schlief ihn vor der Zeit?
Honig und Beeren? Der ist ohne Leid,
dem alles zukommt. Und es fehlt ihm nichts.

Und es fehlt ihm nichts, nur ein wenig,
um zu ruhen oder um aufrecht zu stehen.
Höhlen beugten ihn tief und Schatten,
denn kein Land nahm ihn auf.
Selbst in den Bergen war er nicht sicher
– ein Partisan, den die Welt abgab
an ihren toten Trabanten, den Mond.

Der ist ohne Leid, dem alles zukommt,
und was kam ihm nicht zu? Die Kohorte
der Käfer schlug sich in seiner Hand, Brände
häuften Narben in seinem Gesicht und die Quelle
trat als Chimäre vor sein Aug,
wo sie nicht war.

Honig und Beeren?
Hätte er je den Geruch gekannt, er wär ihm
                             längst gefolgt!

Nachtwandlerischer Schlaf im Gehen,
wer schlief ihn vor der Zeit?
Einer, der alt geboren wurde
und früh ins Dunkel muss.
Die ganze Süße trug ein Strahl des Lichts
an ihm vorbei.

Er spie ins Unterholz den Fluch,
der Dürre bringt, er schrie
und ward erhört:
die Beerensammler kehrten früh nach Haus!
Als sich die Wurzel hob
und ihnen pfeifend nachglitt,
blieb eine Schlangenhaut des Baumes letzte Hut.
Der Erdbeerschlag war über Tag verdorrt.

Unten im Dorf standen die Eimer leer
und trommelreif im Hof.
So schlug die Sonne zu
und wirbelte den Tod.

Die Fenster fielen zu,
die Königinnen zogen Schwärme fort,
und keiner hinderte sie, fortzufliegen.
Die Wildnis nahm sie auf,
der hohle Baum im Farn
den ersten freien Staat.
Den letzten Menschen traf
ein Stachel ohne Schmerz.

In diesem Sommer blieb der Honig aus.

SYLVIA PLATH (1932-1963)

Überwintern

Dies ist die ruhige Zeit, nichts tut sich.
Ich habe die Schleuder der Hebamme gewirbelt,
Ich habe meinen Honig,
Sechs Gläser voll,
Sechs Katzenaugen im Weinkeller,

Überwintern in einem fensterlosen Dunkel
Im Herzen des Hauses
Neben der ranzigen Marmelade des letzten Mieters
Und Flaschen voll leeren Geglitzers –
Sir So-und-sos Gin.

Dies ist der Raum, in dem ich nie war.
Dies ist der Raum, in dem ich nie atmen könnte.
Hier ballt sich die Schwärze wie eine Fledermaus,
Lichtlos,
Nur der Taschenlampe schwaches

Chinesisches Gelb auf abstoßenden Objekten –
Schwarze Verblödung. Verwesung.
Besitz.
Sie sinds, die mich besitzen.
Weder unbarmherzig noch abgestumpft,

Nur unwissend.
Dies ist die Zeit des Durchhaltens der Bienen. Bienen –
So langsam, dass ich sie kaum erkenne.
In Reih und Glied wie Soldaten,
Hin zur Dose mit Sirup,

Der ihnen den Honig ersetzt, den ich nahm.
Südzucker macht ihnen Beine,
Der veredelte Schnee.
Sie leben von Raffinade statt Blumen.
Sie nehmen es, wie es kommt. Die Kälte setzt ein.

Jetzt verknäueln sie sich zu einer Masse,
Schwarz-
Gesinnt gegen all das Weiß.
Das Lächeln des Schnees ist weiß.
Es breitet sich aus – ein meilenweiter
Meißener-Porzellan-Leib,

In den sie, an warmen Tagen,
Nur ihre Toten tragen können.
Alle Bienen sind Frauen,
Die Dienstmägde und die große royale Dame.
Männer haben sie abgeschafft,

Die stumpfen, plumpen Stolperer, diese Tölpel.
Winter ist was für Frauen –
Die Frau, die still vor sich her strickt,
An der Wiege aus spanischer Walnuss,
Ihr Körper eine Steckzwiebel in der Kälte,
zu dumpf, um zu denken.

Wird der Schwarm überleben, wird es den Gladiolen
Glücken, mit ihrem Feuer zu haushalten,
Um es ein weiteres Jahr zu schaffen?
Wonach werden sie schmecken, die Schneerosen?
Die Bienen fliegen. Sie probieren den Frühling.

Übertragung Alissa Walser

Ted Hughes (1930-1998)

Die Honigbiene

Die Honigbiene
scharfsinnig wie Einsteins Idee:
du kannst ihr nichts beibringen.
Wie die Sonne – immer auf dem laufenden.

Als gäbs überhaupt nichts andres
als ihre Blumen.
Keine Berge, keine Kühe, Strände, Läden.
Nur die Regenbogenwellen ihrer Blüten

Ein Zittern in der Leere

Einen fliegenden Teppich aus Blumen

                              – ein Muster
kommend und gehend – sehr locker gewoben –
woraus sie ihre Lösungen zieht.

Pelzige zwergenhafte Kobolde
(Gedanken des Imkers) klettern klebrig
übers Gesicht der Sonne – Handschuh aus Schatten.

Aber die Honigbiene
kann sich *Ihn* nicht vorstellen, bei allem Scharfsinn,

obwohl er blinder Passagier ist auf ihrem
                              Teppich von Farbwellen
und ihre Summsumm-Summen trinkt.

Übertragung Ralph Dutli

Les Murray (* 1938)

Honigzyklus

Grisaille aus Knorpellichtern
        in einem hohen Zellenauge,
gewesene Puppen, in sechsseitigen
        Schächten kristallgefüttert,
viele schwitzen Wachs und waben es,
        sitzen sie sechsfächrig.
Die einmalige Sie trieft Nachkommenschaft
        im Abstieg nach Sex,
und Drohnen werden vom Honig vertrieben,
        haben sie das Ihre gegeben:
sein Œuvre mit ihren Ova oder nicht,
        jetzt lernt er wieder Alleinsein.
Die Regeln des Seins, nie unsere eigenen,
        geben uns auf, Futter zu bauen,
dann steife Wächter zu werden, stecherbereit
        für den Streit mit Nichtbrut.
Dann erheben sich zum Sammeln gebildete
        Netzaugen, wo Gegenwind
schillernden Hängeflug stützt, Wiederkehr
        mit prallen juckenden Halftern
und dem Tanz des Nektarvektors. Borstige Sammler,
        von Tänzern verzückt,
starten durch, unsere Stachel gespannt.
        Und wenn wir Neutra uns jenseits
von Flügeln entwickeln oder Wasser,
        flackert das Licht in unserem Sehgitter
und wir sind wieder Eier. Verbrauchte
        Kampfanzüge erstarren im Gras.

Übertragung Margitt Lehbert

KATHRIN SCHMIDT (* 1958)

blinde bienen

im rücken, im herbst steckt die ahnung, wir könnten
bleifarben bleiben, zweigeteilt himmelsfindling genannt.
versterbezahlen bekümmern uns kaum,
                wir gehen schlupflungenklamm
ins gehäuse, getöse, machen uns etwas
                aus derbem schuhlederklang,
verfahrensfehler geben den rahmen, vernageltes holz,
das auf nichts aus ist. ein reh schaut
                durchs fenster herein.
noch sind wir nicht sichtbar, ein mottenpaar,
                das kastanien zusetzt.
verlarvte kinderpuppen haben wir eilig verlassen,
man minimiert uns, indem man das laub aufrafft,
das sommers schon fällt. wenn die bienen
                in ihrer blindheit
am himmel baumeln wie faules gezänk.
                wenn ein abgehalfterter ärmel
zurückbleibt. steh du ruhig auf,
                deine stimme ist milchkaffeefarben,
dein singen gelingt nicht. die blinden
                bienen haben pulver im pelz,
dass es stäubt, dass es juckt. betäubt
                taumeln sie zwischen den bäumen,
den sträuchern und meinen uns nicht. für den augenblick
lass ich sie fahren, die ahnung im rücken. im herbst.

Literatur

Älian (Claudius Aelianus): Die tanzenden Pferde von Sybaris. Tiergeschichten. Auswahl, Übersetzung, Nachwort und Register von Ursula und Kurt Treu. Leipzig 1978

Bachofen Johann Jakob: Das Mutterrecht. I. Band. Basel 1948 (Erstausgabe: Stuttgart 1861)

Baqué Manzano Lucas: Bees and Flowers in Ancient Egypt. A Symbiotic Relationship within the Mythopoetic Concept of Light. In: Encyclopédie religieuse de l'Univers végétal. Croyances phytoreligieuses de l'Égypte ancienne. Volume II. Editée par Sydney H. Aufrère. Université Paul Valéry, Montpellier 2001, S. 493-519

Beyer Marcel: Mein Bienenjahr lesen. In: The MMK Bee Journal, Vol. I. Frankfurt am Main 2008, S. 7-14

Buisson Sylvie/Frésia Martine: La Ruche, cité des artistes. Paris 2009

Delort Robert: Les abeilles. In: Si les lions pouvaient parler. Essais sur la condition animale. Sous la direction de Boris Cyrulnik. Paris 1998, S. 436-471

Derchain Philippe: Le Papyrus Salt 825 (BM 10051). Rituel pour la conservation de la vie en Égypte. In: Académie royale de Belgique, Classe des Lettres et Sections morales et politiques. Bruxelles 1965

Dutli Ralph: Nichts als Wunder. Essays über Poesie. Zürich 2007

Engels David/Nicolaye Carla: Ille operum custos. Kulturgeschichtliche Beiträge zur antiken Bienensymbolik und ihrer Rezeption. Hildesheim 2008

Frisch Karl von: Aus dem Leben der Bienen. Neunte, neubearbeitete und ergänzte Auflage. Berlin/Heidelberg/New York 1977 (Erstausgabe 1927)

Frisch Karl von: Tanzsprache und Orientierung der Bienen. Berlin/Heidelberg/New York 1965

Glock Johann Philipp: Die Symbolik der Bienen und ihrer Produkte in Sage, Dichtung, Kultus, Kunst und Bräuchen der Völker. Heidelberg 1891

Gustafsson Lars: Der Tod eines Bienenzüchters. Roman. Aus dem Schwedischen von Verena Reichel. München/Wien 1978

Kalidasa: Sakuntala. Drama in sieben Akten. Übersetzung aus dem Sanskrit und Prakrit von Albertine Trutmann. Zürich 2004

Kuény Gabrielle: Scènes apicoles dans l'ancienne Egypte. In: Journal of Near Eastern Studies (University of Chicago), Vol. 9, No. 2, April 1950, S. 84-93

Le Bras-Chopard Armelle: Le zoo des philosophes. De la bestialisation à l'exclusion. Paris 2000

Maeterlinck Maurice: Das Leben der Bienen. Autorisierte Ausgabe, übertragen von Friedrich von Oppeln-Bronikowski. Leipzig 1901 [Neuausgabe: Zürich 2011, mit dem Essay *Über Bienen* von Gerhard Roth]

Mandeville Bernard: Die Bienenfabel oder Private Laster, öffentliche Vorteile. Mit einer Einleitung von Walter Euchner. Frankfurt am Main 1980

Neumann Erich: Die große Mutter. Eine Phänomenologie der weiblichen Gestaltungen des Unbewussten. Zürich 1956

Ransome Hilda M.: The Sacred Bee in Ancient Times and Folklore. London 1937

Rig-Veda. Das heilige Wissen. Erster und zweiter Liederkreis. Aus dem vedischen Sanskrit übersetzt und herausgegeben von Michael Witzel und Toshifumi Goto, unter Mitarbeit von Eijiro Doyama und Mislav Jezic. Frankfurt am Main und Leipzig 2007

Der Rig-Veda. Aus dem Sanskrit ins Deutsche übersetzt und mit einem laufenden Kommentar versehen von Karl Friedrich Geldner. Published by The Department of Sanskrit and Indian Studies, Harvard University. Cambridge, Massachusetts and London 2003 (Harvard Oriental Series, Edited by Michael Witzel, Volume Sixty-Three)

Roth Gerhard: Über Bienen. Vgl. Maeterlinck Maurice

Das St. Trudperter Hohelied. Eine Lehre der liebenden Gotteserkenntnis. Herausgegeben von Friedrich Ohly, unter Mitarbeit von Nicola Kleine. Frankfurt am Main 1998 (Bibliothek des Mittelalters, Herausgegeben von Walter Haug, Band 2)

Schefer Jean Louis: « Le miracle des abeilles ». In: Ders., L'Hostie profanée. Histoire d'une fiction théologique. Paris 2007

Seeley Thomas D.: Honigbienen. Im Mikrokosmos des Bienenstocks. Aus dem Amerikanischen von Ute Döring. Fachliche Beratung: Prof. Dr. Jürgen Tautz. Basel/Boston/Berlin 1997

Tautz Jürgen: Phänomen Honigbiene. Mit Fotografien von Helga R. Heilmann. München 2007

Vergil (Publius Vergilius Maro): Georgica. Vom Landbau. Lateinisch/Deutsch. Übersetzt und herausgegeben von Otto Schönberger. Stuttgart 1994

Waszink Jan Hendrik: Biene und Honig als Symbol des Dichters und der Dichtung in der griechisch-römischen Antike. Opladen 1974

Zander Enoch: Haltung und Zucht der Biene. Neubearbeitung von Friedrich Karl Böttcher. 12., neubearbeitete und erweiterte Auflage. Stuttgart 1989

Nachweise

Ältere, nicht nachgewiesene Gedichte sind gemeinfrei. Die Gedichte von Martial, Pierre de Ronsard, Paul Valéry, Guillaume Apollinaire, Federico García Lorca, Robert Desnos und Ted Hughes wurden von Ralph Dutli für dieses Buch übertragen, © Wallstein Verlag, Göttingen 2012. Der Abdruck der übrigen Texte erfolgt mit freundlicher Genehmigung der Verlage, die Gedichte stammen aus folgenden Ausgaben:

Emily Dickinson: Gedichte. Hrsg., übersetzt u. mit einem Nachwort v. Gunhild Kübler. Carl Hanser Verlag, München/Wien 2006 – Antonio Machado: Soledades. Einsamkeiten. 1899-1907. Hrsg. u. übertragen v. Fritz Vogelgsang. Ammann Verlag, Zürich 1996 [neu: S. Fischer Verlag, Frankfurt a.M.] – Ossip Mandelstam: Tristia. Gedichte 1916-1925. Aus dem Russischen übertragen u. hrsg. v. Ralph Dutli. Ammann Verlag, Zürich 1993 [neu: S. Fischer Verlag, Frankfurt a.M.] – Pablo Neruda: Das lyrische Werk. Band 2. Hrsg. v. Karsten Garscha. Luchterhand Verlag, Darmstadt u. Neuwied 1985 – Jan Skácel: wundklee. Gedichte. Ins Deutsche übertragen u. mit einem Nachwort vers. v. Reiner Kunze. S. Fischer Verlag, Frankfurt a.M. 1982 – Ingeborg Bachmann: Die gestundete Zeit. Gedichte. Piper Verlag, München 1957 – Sylvia Plath: Ariel. Urfassung. Englisch u. deutsch. Übertragung u. Nachwort Alissa Walser. Mit einem Vorwort v. Frieda Hughes. Suhrkamp Verlag, Frankfurt a.M. 2008 – Les Murray: Übersetzungen aus der Natur. Gedichte. Ausgewählt u. übertragen v. Margitt Lehbert. Edition Rugerup, Hörby 2007 – Kathrin Schmidt: Blinde Bienen. Gedichte. Kiepenheuer & Witsch, Köln 2010

Dank

an die Vontobel-Stiftung, Zürich, in deren Schriftenreihe (Redaktion Franz Brunner) im November 2010 Teile dieses Buches erscheinen durften. Dank an Andrea Kucharek, Heidelberg, für wertvolle Hinweise auf ägyptologische Literatur, an Gunhild Kübler, Küsnacht, für wunderbare Einblicke in den Bienenreichtum Emily Dickinsons, an Peter Gewessler, Brühl, für honigreiche Bildbotschaften. Und an alle Bienen des Unsichtbaren, wie Rilke sie nannte. An meinen Sohn Boris, der die allererste Idee zu einem Bienenbuch hatte. Er ist gerade achtzehn geworden, ich wünsche ihm Glück!

Register

Inhalt

Eine Wabe voller Gedichte